安全工程数值模拟

梅 丹 王 洁 陈旺生 著

华中科技大学出版社

中国·武汉

内 容 简 介

　　本书主要介绍了基于计算流体力学的数值模拟基础理论、基础知识及其在安全科学与工程中的应用,具体内容包括数值模拟技术在金属热处理、人体热舒适评价和调节、工业除尘、烟气净化吸收、通风防疫、建筑火灾、爆炸事故和应急疏散方面的研究与应用实例。

　　本书力求理论联系实际,简明易懂,旨在为安全领域的工程师和研究人员提供全面的数值模拟技术应用指南。本书可作为安全工程、应急管理、职业卫生、环境工程和建筑环境领域相关专业学习者的选修用书,也可作为有学习数值模拟方法需求的研究者和从业人员的参考书。

图书在版编目(CIP)数据

安全工程数值模拟/梅丹,王洁,陈旺生著.—武汉:华中科技大学出版社,2023.12
ISBN 978-7-5772-0254-9

Ⅰ.①安…　Ⅱ.①梅…　②王…　③陈…　Ⅲ.①安全工程-数值模拟　Ⅳ.①X93

中国国家版本馆 CIP 数据核字(2023)第 246162 号

安全工程数值模拟
Anquan Gongcheng Shuzhi Moni

梅　丹　王　洁　陈旺生　著

策划编辑:王　勇
责任编辑:吴　晗
封面设计:廖亚萍
责任监印:周治超
出版发行:华中科技大学出版社(中国·武汉)　　　电话:(027)81321913
　　　　　武汉市东湖新技术开发区华工科技园　　　邮编:430223
录　　排:武汉市洪山区佳年华文印部
印　　刷:武汉市洪林印务有限公司
开　　本:787mm×1092mm　1/16
印　　张:14
字　　数:336 千字
印　　次:2023 年 12 月第 1 版第 1 次印刷
定　　价:54.80 元

前　　言

党的二十大报告指出："坚持安全第一，预防为主"，"推进安全生产风险专项整治，加强重点行业、重点领域安全监管"，所以，党和国家始终把人民生命安全放在首位，创造安全的生产和生活条件是人们孜孜不倦的追求。数值模拟作为一种重要的分析和预测安全风险的方法，已经成为安全科学和工程研究的关键工具。数值模拟在实验室和场地测试之前可以节省时间和成本，并能模拟非安全的环境条件，避免实物实验的危险。因此，数值模拟在安全领域的应用日益广泛。

智能制造、环境保护与治理和人居健康是与人们息息相关的生存与发展问题。党的二十大会议也明确提出："实施产业基础再造工程和重大技术装备攻关工程，支持专精特新企业发展，推动制造业高端化、智能化、绿色化发展"；"深入推进环境污染防治"；"坚持精准治污、科学治污、依法治污，持续深入打好蓝天、碧水、净土保卫战"；"推进健康中国建设，把保障人民健康放在优先发展的战略位置"；"加强重大疫情防控救治体系和应急能力建设，有效遏制重大传染性疾病传播"。所以，在二十大会议精神的指引下，围绕这些关系工业发展和民生的问题，同时为深入贯彻党的二十大关于实现高等教育内涵式发展的要求，满足新形势下安全科学与工程人才培养要求，在总结近年来教学实践的基础上，来自武汉科技大学教学一线的教师撰写了本书。

本书重点介绍了数值模拟在金属热处理、人体热舒适评价和调节、工业除尘、烟气净化、通风防疫、建筑火灾、爆炸事故和应急疏散方面的研究和应用，主要包括安全工程数值模拟的基本概念、基本理论和建模方法，旨在为安全领域的工程师和研究人员提供全面的数值模拟技术应用指南，同时也为相关领域的学生及从业人员提供研究方法和思路。

本书力求体现三个特点：首先是实用性，本书尽量用简洁易懂的语言解释数值模拟理论与应用过程中最本质、最基础的内容，将基础理论、建模方法和软件应用流程结合起来介绍，使本书的受众易接受、易掌握。其次是案例化，每一章节的内容均来自于作者团队近年来的工程研究案例，充分体现科研成果进课堂、科研创新促学习的时代要求，使阅读者能通过本书了解数值模拟技术在生产中的应用前沿。第三是宽口径，本书不仅覆盖传统安全科学与工程中的火灾模拟、爆炸模拟等，更加入了现代社会追求的人居安全与健康视域下从业人员的热舒适、作业场所的通风净化和人员健康风险问题研究中数值模拟所发挥的作用，拓宽了安全科学与工程的研究范围。

本书可作为安全科学与工程核心课程"安全工程数值模拟方法"的适用教材，适合该专业的研究生，或有学习数值模拟方法需求的研究者和从业人员学习，也可作为安全工程、应急管理、职业卫生、环境工程和建筑环境领域相关专业学习者的选修用书。

全书分十章,第 1 章至第 4 章、第 6 章、第 7 章由梅丹撰写,第 5 章由陈旺生撰写,第 8 章至第 10 章由王洁撰写。全书由梅丹统稿。研究生刘博文、丁嘉炜、刘力、李佳倩、张馨文、杨美琳和黄丹为本书编写做了许多工作,在此表示感谢。同时,本书还参考了一些文献资料,在此对相关文献的作者表示感谢。

本书的出版得益于武汉科技大学的大力支持,书稿曾作为研究生用书在武汉科技大学安全科学与工程的专业课程中使用。

当然,本书仍存在着不足,我们希望读者能够提出宝贵的意见和建议,帮助我们更好地改进和完善。愿本书为广大读者的研究、工作和学习提供有力的支持。

编 者
2023 年 5 月

目　　录

第 1 章　绪论………………………………………………………………（1）

　1.1　数值模拟与流体 ………………………………………………………（1）

　1.2　数值模拟与固体材料 …………………………………………………（2）

　1.3　数值模拟与火灾应急救援 ……………………………………………（4）

　1.4　数值模拟技术在安全科学与工程中的发展前景 ……………………（5）

　本章参考文献………………………………………………………………（6）

第 2 章　数值模拟技术理论基础 ………………………………………（11）

　2.1　计算流体动力学概述 …………………………………………………（11）

　2.2　流体运动方程 …………………………………………………………（12）

　2.3　初始条件和边界条件 …………………………………………………（20）

　2.4　网格划分 ………………………………………………………………（21）

　2.5　控制方程组离散 ………………………………………………………（22）

　2.6　离散方程求解 …………………………………………………………（26）

　2.7　解的收敛性判断 ………………………………………………………（26）

　2.8　显示和输出计算结果 …………………………………………………（28）

　本章参考文献 ……………………………………………………………（29）

第 3 章　数值模拟技术在金属热处理中的应用 ………………………（30）

　3.1　应用需求分析 …………………………………………………………（30）

　3.2　合金化热镀锌工艺简述 ………………………………………………（30）

　3.3　立式合金化炉加热与冷却的数值模拟 ………………………………（31）

　3.4　模拟结果分析 …………………………………………………………（40）

　3.5　本章知识清单 …………………………………………………………（44）

　本章参考文献 ……………………………………………………………（44）

第 4 章　数值模拟技术在人体热舒适评价和调节中的应用 …………（46）

　4.1　应用需求分析 …………………………………………………………（46）

　4.2　井下工人热舒适客观评价方法 ………………………………………（46）

4.3 基于数值模拟的井下工人热舒适评价 ················· (50)

4.4 模拟结果评价分析 ································· (63)

4.5 本章知识清单 ··································· (69)

本章参考文献 ····································· (73)

第5章 数值模拟技术在工业除尘中的应用 ················· (74)

5.1 应用需求分析 ··································· (74)

5.2 袋式除尘器除尘机理简述 ··························· (74)

5.3 电改袋除尘器流场的数值模拟 ······················· (75)

5.4 电改袋除尘器脉冲喷吹数值模拟 ······················ (80)

5.5 除尘器壳体磨损的数值预测 ························· (86)

5.6 本章知识清单 ··································· (96)

本章参考文献 ····································· (97)

第6章 数值模拟技术在烟气净化吸收中的应用 ·············· (98)

6.1 烟气脱硫工艺简述 ······························· (98)

6.2 基于数值模拟的旋转喷雾干燥技术参数优化 ·············· (99)

6.3 基于数值模拟的氨法脱硫"氨逃逸"控制 ··············· (112)

6.4 本章知识清单 ·································· (125)

本章参考文献 ···································· (126)

第7章 数值模拟技术在通风防疫中的应用 ················ (127)

7.1 应用需求分析 ·································· (127)

7.2 通风原理与飞沫传输 ····························· (128)

7.3 公共汽车内飞沫传输过程数值模拟 ··················· (129)

7.4 厢式电梯内飞沫传输数值模拟与人员风险评估 ············ (152)

7.5 本章知识清单 ·································· (160)

本章参考文献 ···································· (161)

第8章 数值模拟技术在建筑火灾中的应用 ················ (162)

8.1 应用需求分析 ·································· (162)

8.2 高架仓库火灾计算模拟原理 ························ (163)

8.3 高架仓库火灾数值模拟 ··························· (166)

8.4 高架仓库火灾危险性分析 ························· (175)

8.5 本章知识清单 ·································· (181)

本章参考文献 ···································· (182)

第 9 章　数值模拟技术在爆炸事故中的应用……………………………………（183）

9.1　应用需求分析 …………………………………………………………………（183）

9.2　LPG 槽罐车泄漏爆炸事故数值模拟原理 ……………………………………（184）

9.3　LPG 槽罐车泄漏爆炸事故数值模拟 …………………………………………（186）

9.4　LPG 槽罐车泄漏爆炸事故危险性分析 ………………………………………（190）

9.5　本章知识清单 …………………………………………………………………（194）

本章参考文献 …………………………………………………………………………（195）

第 10 章　数值模拟技术在应急疏散中的应用 ……………………………………（196）

10.1　应用需求分析 ………………………………………………………………（196）

10.2　高层建筑应急疏散数值模拟原理 …………………………………………（197）

10.3　高层建筑应急疏散数值模拟 ………………………………………………（201）

10.4　高层建筑应急疏散危险性分析 ……………………………………………（206）

10.5　本章知识清单 ………………………………………………………………（213）

本章参考文献 …………………………………………………………………………（213）

第1章 绪 论

在永不停息的活动中,人类总想要安全、高效地实现某种目的、取得某种成果。然而,由于人类从事各种活动的技能水平不同,活动对象、外部环境的复杂性与不确定性等因素,其活动过程有时能按照预期的正方向发展,顺利取得预期成果,产生正效应,有时也会朝着与预期相反的负方向发展,产生不期望的、意外的损失,即负效应。很明显,负效应对于正效应的取得、人类的生存和发展都会产生不利影响,必须予以研究、减少或者消除。由于负效应即事故的存在,一门科学便产生了,这就是安全科学。安全科学的研究内容包括安全工程和安全管理[1]。

安全工程是指在特定的行业和领域中,运用的种种安全技术及其综合集成,以保障人员动态安全的方法、手段和措施。现在社会中,各行业、各部门所面临的安全问题虽然不尽相同,但存在着共性问题。例如,冶金、化工、机械、建筑等行业,都存在着通风除尘、吸收净化、防火防爆等共性问题,这些共性的工程问题都是以数学、力学、物理学和化学等学科为基础理论的[2]。

数值模拟技术是通过计算机数值计算和图像显示,对包含物理和化学等相关现象的系统所做的分析,其基本思想可以归结为:把原来在空间及时间域上连续的物理量的场,用一系列有限个离散点上的变量值的集合来代替,通过数学方法、物理原理和化学机理建立起关于这些离散点上场变量之间关系的代数方程组,然后求解代数方程组,获得场变量的近似值。所以数值模拟技术和方法可以解决以数学、物理和化学为理论基础的安全工程问题,可以预测工程中各种关键物理量的演变,进行设备的运维管理、故障诊断或人机防护,从而预防事故的发生。

数值模拟发展至今,已被应用于众多行业和技术领域。流体、固体颗粒物、火灾烟气等流动介质,用肉眼难以准确观察其运动规律,或难以用单一方法判断不同因素对其影响程度,但都可以通过数值模拟技术来实现复杂理化过程的仿真。

下面简略介绍数值模拟技术在安全工程中涉及的流体、固体颗粒物和火灾烟气蔓延等几个方面的应用现状。

1.1 数值模拟与流体

黏性流体的运动遵循质量守恒、动量守恒和能量守恒定律,其控制方程由非线性偏微分方程组构成,因此对具体问题进行数值求解成为研究流体流动的一个重要研究方向和方法。计算流体动力学(computational fluid dynamics,CFD)是一种应用于工程领域的研究方法,指采用计算流体力学的理论,借助计算机软、硬件对工程中的流动、传热、多相流、相变、燃烧及化学反应等现象进行数值仿真或可视化预测。

1.1.1　流动过程的数值模拟

离心泵作为一种通用流体机械,已被广泛应用于多个领域,如动力发电、石油化工、冶金等。在实际生产中,由于各种条件的限制,离心泵的设计和研发多以数值模拟的方式进行[3-6]。

离心泵空化现象是流动过程中局部压力低于饱和蒸汽压力以下时出现的空泡生成、长大、溃破现象。通过对空化现象进行数值模拟[7-12],可优化离心泵的性能,避免空化、空蚀现象带来的危害。

在石化、环保、水利、航天等领域中,经常会出现离心泵输送气液两相流的问题。通过对离心泵气液两相流进行模拟[13-20],可以确定气液两相流的状态对离心泵运行性能的影响,并解决离心泵剧烈振动产生的噪声对运行系统可靠性的影响等一系列问题。

1.1.2　传热过程的数值模拟

金属材料的内在性能和质量,除材料成分特征外,主要在热处理过程中形成。在热处理过程中,零件因内部温度分布不均匀、组织转变过程不均匀而产生内应力。如果处理不当,不仅会影响零件使用寿命、设备安全,甚至在淬火过程中产生裂纹或开裂而使零件报废。通过对热处理工艺的传热传质进行数值模拟[21-27],可以预测产品的温度、性能和组织结构等,分析在不同工艺下温度场、组织场、应力应变场的变化情况,进而优化和调整热处理工艺参数,得到符合要求的材料或产品。

新能源电池的热管理是时下最受关注的问题之一,电池热管理开发贯穿于电池包系统设计开发全周期,包含电池温度控制,以及冷板、管路系统等的设计。而电池热管理数值模拟仿真作为整个热管理开发中最为有效的方法,对产品设计、方案评估和优化设计起到决定性作用,能有效缩短开发周期,降低开发成本[28-34]。

1.1.3　管道磨损量的数值模拟

在石油化工及气体输送管道中,颗粒杂质的冲蚀磨损会使管壁产生局部减薄,诱发微观裂纹萌生,加剧管道的疲劳失效,缩短管道的服役寿命。通过对管道整体或局部零件的气-固两相流动阻力特性与磨损特性进行数值模拟,通过分析弯径比、转弯角度、截面形状等结构参数对弯头模型阻力损失和内壁面磨损率的影响,能够得出弯头的优化结构[35,36]。对含有颗粒的气固、固液两相流进行数值模拟,研究颗粒冲蚀磨损疲劳破坏机理,确定管道的压力场分布,可显著提高管道抗冲蚀性能。目前,管道冲蚀磨损研究已取得了丰硕的成果[37-40]。

1.2　数值模拟与固体材料

工程机械在研发过程中常涉及强度、刚度、散热振动、疲劳、结构优化等多方面的工程问题。随着现代计算机辅助工程(computer aided engineering,CAE)仿真技术的日趋成熟,将

CAE 软件与计算机辅助设计（computer aided design，CAD）、计算机辅助制造（computer aided manufacturing，CAM）相结合，在提高工程产品的设计质量、降低研究开发成本和缩短开发周期方面都发挥了重要作用[41-46]。

1.2.1　材料防腐与防护的数值模拟

腐蚀是材料与周围环境发生化学或电化学反应而导致材料表面乃至基体被破坏的现象。腐蚀现象广泛地存在于生产和生活中的各个领域，造成材料的巨大损耗。

在阴极保护工程中，保护电位的监测和控制是一项重要工作。对于某些结构，如海底管道、海洋平台、深埋的钢桩等，实地测量难度很大或费用高；另外，对于一些新项目，由于不可能事先在现场测试，因此利用经验公式也无法对结构表面的电位分布进行准确的预测。随着电化学的发展，通过数值模拟技术获取被保护体表面的电位和电流分布取得了很好的效果。例如，对于一个使用寿命为 20 年的海洋平台，如果采用先进的防腐设计方案可节省大量的建造材料和防腐费用。根据模拟结果，可以实现分析设计更加精准的腐蚀防护监测系统[47-52]。

1.2.2　采空区稳定性的数值模拟

矿山回采后在岩体内形成众多连续或非连续的大量采空区，采空区具有数量多、体积大、分布宽、无规则且未经及时处理等特点，不稳定采空区可能发生坍塌，诱发次生地质灾害。为此需要对采空区进行安全评估，论证及定量评价采空区稳定性状况，消除采空区安全隐患。

用地压监测取得采空区相邻岩体的应力变化数据，然后采用 FLAC3D 软件可有效模拟和评估复杂条件下采空区的稳定性，该方法广泛应用于岩土工程评估和设计；同时，为矿山技术工作者评价矿山资源安全回收提供启发和借鉴作用[53-56]。

1.2.3　锅炉管道应力的数值模拟

对于锅炉管道系统，由于主支管内径不等和几何结构不连贯等因素，在其肩部会产生较大的应力集中。由于锅炉长期处于变工况运行状态，管道内部的流场和温度场反复波动，诱发裂纹萌生，一旦出现裂缝将有可能引发汽水的泄漏现象，造成巨大的经济损失甚至人员伤亡[57]。

如今，管道应力分析可采用美国 CAESAR Ⅱ管道应力分析软件进行，校核主蒸汽管道的一次应力和二次应力是否合格。在应力校核计算的基础上和必要条件下，通过调整使得管系应力分布合理而达到延寿的目的。采用 ANSYS 软件可以进行管道弯头应力精确计算，获得最大应力位置，为寿命评估提供理论依据[58,59]。

由温度分布差异引起的热应力问题在锅炉和压力容器的设计、制造、运行以及检验中是不容回避的，如果不采取控制措施，会导致设备严重失效，造成巨大损失。有限元数值计算方法可以对复杂结构在各种载荷作用下的应力进行场分析，计算精度完全能满足工程要求[60-64]。在工程实际问题中，可以选取锅炉集箱中管孔之间距离最小、开孔直径最大的一只集箱，按极端工况考虑,建立三维模型进行应力仿真分析,以校核集箱安全性。

1.3　数值模拟与火灾应急救援

火灾的数值模拟工作开始于 20 世纪 80 年代,现已广泛应用在建筑防火设计、火灾原因调查及灭火指挥等方面。

火灾动力学涉及复杂的物理化学过程,主要包括流体动力学、热动力学、燃烧学、辐射传热,甚至多相流动。火灾产生的烟气蔓延过程遵守质量守恒、动量守恒和能量守恒方程。由于火灾的复杂性,火灾模拟还需应用湍流模型、燃烧模型、辐射传热模型。

1.3.1　烟气蔓延的数值模拟

火灾模拟技术成熟的标志是系列火灾模型的出现,先后出现了经验模型、区域模型和场模型。火灾发生后,根据室内温度随时间变化的特点,火灾的发展过程将经历三个阶段:首先为火灾初起阶段,发生轰燃后转为火灾全面发展阶段,可燃物燃尽后进入熄灭阶段。火灾发展初期,除火源位置附近外,火灾产生的热烟气主要在房间顶部聚集,随着火灾规模的增大,热烟气层逐渐变厚。对于这种具有清晰烟气层的火灾,可将建筑室内空间分为上部的热烟气层和下部的冷空气层两个区域,每个区域内状态参数假设是一致的,这种火灾模型称为双区域模型。模拟时用常微分方程组分别描述各层的火灾特征,计算各区的温度及烟气层高度。双区域模型的优势是模型成熟,计算速度快,计算结果可靠。常见的 CFAST、Branzfire 软件都采用双区域模型。

场模型是将建筑室内划分成若干个单元,又称控制体,然后应用自然界普遍成立的质量守恒定律、动量守恒定律、能量守恒定律及化学反应定律建立描述烟气流动的方程,通过对所研究空间和时间进行离散,用数值方法求解出火灾各时刻的状态参数(烟气浓度、速度、温度等)在空间的分布。对于大空间或形状复杂的建筑,当火灾热释放速率较小时,火灾中烟气分层现象不明显,区域模型失去了成立的前提,在这种情况下应采用场模型。常见的软件 FDS、FLUENT 和 CFX 等均采用场模型。当然能用双区域模型模拟的场合同样可以采用场模型模拟。

1.3.2　应急处置方案中的数值模拟

火灾扑救时,为疏散救人、寻找起火点以及排除室内热烟气,常对着火区域进行破拆或机械火场排烟。这些行为具有双重作用,一方面能排出室内的高温烟气,但同时也会向建筑内输送大量新鲜空气。对于通风控制型火灾,进入室内的新鲜空气无疑增大了火源的热释放速率,促进了烟气的生成。因此,灭火行为和火场排烟能否起到应有的作用是复杂的技术问题,难以通过有限次实体试验掌握其内在规律,需要根据现场环境和燃烧机理做出科学的预测。运用 FDS、ANSYS 等软件,对灭火救援应急预案进行数字化研究,利用虚拟现实技术、数值模拟技术和现代化计算技术对应急预案进行三维数字化处理,模拟事故后火场气体泄漏扩散运动规律,建立企业应急预案体系模型,对政府或企业的灭火救援应急预案的数字化建设具有借鉴意义[65,66]。

此外,在井下救援中,根据数值模拟的结果,对比多种最优路径求取算法,选择适应于矿井环境的相对最优火灾应急避灾路径基础算法,构建矿井火灾应急救援信息系统,有助于实现矿井火灾应急救援动态管理[67-70]。

1.3.3 安全疏散时间的数值模拟

可用安全疏散时间(available safe evacuation time,ASET)是指从火灾发生至火灾发展到使建筑中特定空间的内部环境或结构达到危及人身安全的极限时间。可用安全疏散时间由火灾演化过程决定,取决于建筑布局、火灾荷载及其分布和通风状况。采用传统方式设计的建筑,即使完全满足防火设计规范要求,但其人员疏散安全水平仍然不能确定,数值模拟可以很好地解决这类问题[71-74]。例如,针对大型商业建筑的不同火灾场景,采用 FDS 软件进行数值模拟,研究发生火灾后建筑内火焰和烟气蔓延规律,可得到每层楼的可用安全疏散时间。

1.4 数值模拟技术在安全科学与工程中的发展前景

近年来,我们所处的世界高度互联,多种要素日益复杂的因果关系导致安全风险急剧增加,安全科学与工程领域逐步呈现系统复杂性、多灾种耦合性和大数据交融性,安全科学技术由灾害治理向风险评估和监测预警前移。在多灾种耦合致灾演化机制、风险评估与灾害模拟、安全监测预警、灾害综合应急等关键理论与技术上,各领域相互重叠交叉。信息化、智能化等新技术融合和多领域交叉成为安全学科发展和原始创新力提升的必然趋势。

物理实体、虚拟模型和孪生数据是数字孪生的三个基本组成部分。物理实体是数字孪生、单个设备或车间等系统的基础。通过不同种类的传感器监测物理实体的工作流程,获取物理实体运行状态数据是物理实体构建的重点。虚拟模型是数字孪生技术区别于其他技术的关键,也是实现虚实交互的基础。虚拟模型是物理实体的副本,可以从多个时间和多空间维度表征和描述物理实体。将物理实体的几何尺寸、材料属性等参数提供给虚拟模型,通过利用数值模拟技术,实现对物理实体实际工作状态的控制、优化和预测。孪生数据是数字孪生的驱动力,通常包括物理、虚拟、知识和衍生数据。孪生数据包含不同的类型,可以更好地监控物理实体的工作状态并驱动虚拟模型的操作[75]。

数值模拟技术是现代工程技术和科学发展的重要动力之一。从物理原型到数值模拟仿真,再到数字虚拟仿真,数值模拟技术从简单结构走向复杂系统,从单一原理发展到多物理场耦合,从定性规律的探究到精准数字解的场域呈现,承载着越来越重要的工程与研发使命。

由此可见,未来安全科学与工程的发展离不开数字孪生,更离不开数字孪生所依托的数值模拟技术。

本章参考文献

[1] 姜伟,佟瑞鹏,傅贵. 安全科学与工程导论[M]. 北京:中国劳动社会保障出版社,2016.

[2] 段瑜,张开智. 安全工程导论[M]. 北京:冶金工业出版社,2018.

[3] 王亚飞,刘伟,赵亮,等. 离心泵设计方法及基于 CFX 的性能仿真系统研究[J]. 液压气动与密封,2023,43(1):34-37.

[4] 袁丹青,王玉帛,丛小青. 基于 CFturbo 和 SolidWorks 的螺旋离心泵设计方法研究[J]. 流体机械,2020,48(7):16-21.

[5] 王鸽,田桂,程诚,等. 低功耗小型低温流体离心泵设计与性能测试[J]. 西安交通大学学报,2022,(6):175-183.

[6] CAPURSO T,BERGAMINI L,TORRESI M. Design and CFD performance analysis of a novel impeller for double suction centrifugal pumps[J]. Nuclear Engineering and Design,2018,341:155-166.

[7] 赵万勇,彭虎廷,马得东,等. 离心泵空化余量分析研究[J]. 流体机械,2021,49(1):29-36.

[8] 罗旭,宋文武,万伦,等. 高速离心泵空化特性研究[J]. 水力发电,2019,45(11):74-78,94.

[9] 赵伟国,亢艳东,李清华,等. 叶片吸力面不同结构对离心泵空化初生的影响[J]. 振动与冲击,2022,41(7):23-30.

[10] 赵伟国,亢艳东,李清华,等. 叶片吸力面不同结构对离心泵空化初生的影响[J]. 振动与冲击,2022,41(7):23-30.

[11] 代翠,王照雪,董亮,等. 障碍物布置位置对离心泵空化性能的影响[J]. 排灌机械工程学报,2022,40(2):122-127.

[12] SONG P F,WEI Z L,ZHEN H S,et al. Effects of pre-whirl and blade profile on the hydraulic and cavitation performance of a centrifugal pump[J]. International Journal of Multiphase Flow,2022,157:104261.

[13] 张忠圆,邵春雷. 离心泵气液两相流数值模拟与可视化试验[J]. 南京工业大学学报(自然科学版),2021,43(5):629-637.

[14] 王维军,李泰龙. 射流式离心泵气液两相流数值分析[J]. 流体机械,2020,48(2):53-57.

[15] 袁寿其,何文婷,司乔瑞,等. 基于 MUSIG 模型的气液两相流离心泵内部流动数值模拟[J]. 排灌机械工程学报,2021,39(4):325-330,337.

[16] 闫思娜,罗兴锜,冯建军,等. 含气率对气液两相流离心泵性能的影响[J]. 水动力学研究与进展(A 辑),2019,34(3):353-360.

[17] 司乔瑞,郭勇胜,田鼎,等. 半开式叶轮离心泵气液两相条件下内部流动特性分析[J]. 农

业工程学报,2021,37(24):30-37.

[18] LI G, DING X, WU Y, et al. Liquid-vapor two-phase flow in centrifugal pump:Cavitation, mass transfer, and impeller structure optimization[J]. Vacuum, 2022, 201:111102.

[19] SHAO C, ZHONG G, ZHOU J. Study on gas－liquid two-phase flow in the suction chamber of a centrifugal pump and its dimensionless characteristics[J]. Nuclear Engineering and Design, 2021, 380(5):111298.

[20] LUO X, XIE H, FENG J, et al. Influence of the balance hole on the performance of a gas-liquid two-phase centrifugal pump[J]. Ocean engineering, 2022(Jan.15):244.

[21] 赵雯. 石油管用大直径圆钢轧后热处理工艺数值模拟研究[D]. 上海:东华大学,2017.

[22] 李春泉. 台车式热处理炉加热过程模拟与分析[J]. 油气田地面工程,2022,41(4):17-22,43.

[23] 潘伟平,陈磊,刘东明. 40Cr球销热处理数值模拟及实验验证[J]. 热处理技术与装备, 2017,38(5):67-71.

[24] 张宇航,吴日铭. 基于H13钢水淬在线监测的热处理数值模拟优化[J]. 模具工业, 2021,47(3):7-12.

[25] 郭硕,樊振宇,王会珍,等. H13钢相变规律及其模具的真空热处理数值模拟[J]. 金属热处理,2022,47(5):71-75.

[26] PAOLO F, FILIPPO B, ROBERTO M. Setup of a numerical model for post welding heat treatment simulation of steel joints[J]. Procedia Structural Integrity,2021,33: 198-206.

[27] TONG D, GU J, YANG F. Numerical simulation on induction heat treatment process of a shaft part:Involving induction hardening and tempering[J]. Journal of Materials Processing Technology, 2018, 262:S0924013618302905.

[28] 杨扬. 基于CFD模拟新能源汽车动力电池温度场[J]. 汽车电器,2021(5):32-33.

[29] 郭凯丽,王晓佳,王若琦,等. 动力锂电池温度场仿真分析[J]. 机械设计与制造,2022, 375(5):196-200,204.

[30] 曹森龙,蔡高进,俞小莉,等. 动力锂离子电池温度场试验与测算[J]. 电池,2020,50(5): 454-457.

[31] 刘进,刘晓明,蒋皖,等. 考虑热辐射效应的锂离子电池温度场仿真分析[J]. 电源技术, 2020,44(4):509-513.

[32] 熊会元,郭子庆,杨锋,等. 基于动态生热模型的18650电池温度场建模仿真[J]. 电源技术,2020,44(2):176-179.

[33] WANG Z, FAN W, LIU P. Simulation of temperature field of lithium battery pack based on computational fluid dynamics[J]. Energy Procedia, 2017, 105:3339-3344.

[34] ZHAO H C,WANG X R,BAI Y, et al. Thermal simulation and prediction of high-en-

ergy LiNi$_{0.8}$Co$_{0.15}$Al$_{0.05}$O$_2$//Si-C pouch battery during rapid discharging[J]. Journal Energy Storage,2022,47(5):10356.

[35] 于飞,刘明,王汀,等. 弯头内气-固两相流动与管壁磨损特性研究[J]. 工程热物理学报,2015,36(4):796-800.

[36] 易卫国,杨谦,李群松.稀薄颗粒流体对弯管冲蚀的数值模拟[J].湖南师范大学自然科学学报,2012,35(5):56,59.

[37] 李介普,梁琳,张烟生,等. 实际工况管道气固两相流冲蚀磨损的数值模拟研究[J]. 中国特种设备安全,2021,37(9):11-15.

[38] 王博,康凯,邹楚婷,等. 低浓度多相流管道冲蚀磨损数值模拟[J]. 北京化工大学学报(自然科学版),2019,46(2):22-30.

[39] 彭方现,闫宏伟,李亚杰,等. T型管道的冲蚀磨损数值模拟分析[J]. 当代化工,2020,49(3):733-736,752.

[40] 王田田,支嘉才,杨具瑞,等. 基于计算流体动力学与离散元法的离心泵内流场及磨损的数值模拟[J]. 湖南农业大学学报(自然科学版),2022,48(2):235-241.

[41] 贺宇豪,吴正旺. 应用机械臂混凝土 3D 打印技术的空心曲面建筑物的设计和建造[J]. 华侨大学学报(自然科学版),2023,44(2):187-195.

[42] 袁皓,舒悦,姚同林,等. ScrewWorks 螺杆转子设计与加工软件的开发及应用[J]. 流体机械,2022,50(7):58-63.

[43] 温禄淳. 基于 CAD/CAE 的采煤机齿轮箱机械传动部件集成系统研究[J]. 煤矿机械,2019,40(3):159-161.

[44] 杜岳峰,傅生辉,毛恩荣,等. 农业机械智能化设计技术发展现状与展望[J]. 农业机械学报,2019,50(9):1-17.

[45] 李志虎. 基于 CAE 的挖掘机工作装置运动仿真分析[J]. 工程机械,2022,53(10):77-81.

[46] El-HADJ A, KEZRANE M, AHMAD H, et al. Design and simulation of mechanical ventilators[J]. Chaos Solitons & Fractals, 2021, 150:111169.

[47] 席光兰,杜文,吴玉清,等. 沉船牺牲阳极保护数值模拟——以经远舰为例[J]. 科学技术与工程,2022,22(5):1988-1994.

[48] 张周. 半潜平台腐蚀防护监测系统设计研究[D]. 辽宁:大连理工大学,2020.

[49] 何萌,陶文亮,李龙江,等. 埋地钢质管道防腐蚀层检测中地表电位的 ANSYS 模拟[J]. 腐蚀与防护,2017,38(6):461-465,486.

[50] 张立胜,黄山,刘师承,等. 克劳斯工艺防腐蚀涂层数值模拟[J]. 化工进展,2021,40(z2):327-333.

[51] PFEIFFER R A, YOUNG J C, ADAMS R J, et al. Higher-order simulation of impressed current cathodic protection systems[J]. Journal of Computational Physics, 2019, 394:522-531.

[52] GOYAL A,OLORUNNIPA E K,POUYA H S,et al. Potential and current distribution across different layers of reinforcement in reinforced concrete cathodic protection system- A numerical study[J]. Construction and Building Materials,2020,262(11):120580.

[53] 郁富林,肖国喜,徐锋. 基于地压监测及数值模拟对某钨矿采空区稳定性分析[J]. 中国钨业,2021,36(4):38-44.

[54] 何荣兴,韩智勇,刘洋,等. 基于数值模拟正交试验的采空区稳定性因素的敏感性分析[J]. 中国矿业,2022,31(6):109-117.

[55] 钟瑞,张红军,张晶. 基于ANSYS的采空区稳定性数值模拟研究[J]. 化工矿物与加工,2017,46(5):52-56.

[56] HE L,WU D,MA L. Numerical simulation and verification of goaf morphology evolution and surface subsidence in a mine[J]. Engineering Failure Analysis,2023,144(2):106918.

[57] 朱青. 余热锅炉系统三通管道热应力分析[J]. 特种设备安全技术,2021(1):6-8.

[58] 赵宏涛,王永振,沈楠,等. 管道铝热焊温度场及残余应力场的数值模拟[J]. 油气储运,2022,41(11):1305-1311,1318.

[59] 陈金平,管相龙,李玉坤,等. 基于数值模拟的变形管道应力分析及程序开发[J]. 实验技术与管理,2021,38(11):130-137.

[60] 武云龙. 锅炉集箱热应力有限元分析及裂纹扩展速率的研究[D]. 天津:天津大学,2012.

[61] 于涛,钱进,王一桂,等. 深度调峰运行下某CFBB水冷壁管热应力分析[J]. 贵州大学学报(自然科学版),2023,40(1):42-47.

[62] 范旭宸,陈晔,郑雄,等. 600MW超临界循环流化床锅炉水冷壁热应力分析[J]. 动力工程学报,2018,38(4):253-257.

[63] 于涛,钱进,王一桂,等. 循环流化床锅炉膜式水冷壁的热应力分析[J]. 电站系统工程,2022,38(1):21-24.

[64] WEN D,PAN Y Q,CHEN X L,et al. Analysis and prediction of thermal stress distribution on the membrane wall in the arch-fired boiler based on machine learning technology[J]. Thermal Science and Engineering Progress,2021,28(2):101137.

[65] 汪文野,刘静,罗阳洪. 大型石化火灾应急救援多Agent仿真研究[J]. 消防科学与技术,2020,39(3):391-394.

[66] 吴楠. 三维建模数字化消防灭火救援预案编制的管理运用[J]. 自动化应用,2022(3):81-83.

[67] 郝天轩,赵立桢. 跨平台矿井应急救援路径寻优方案研究[J]. 工矿自动化,2020,46(5):108-112.

[68] 胡勇. 计算机模拟技术在矿井火灾应急救援系统中的应用[J]. 煤炭技术,2014,33(2):86-88.

[69] 仲旸,李保杰,笪柳炎. 基于GIS的徐州市火灾应急救援系统设计与实现[J]. 测绘与空

间地理信息,2021,44(5):45-48.

[70] LI Q,ZHOU S,WANG Z. Quantitative risk assessment of explosion rescue by integrating CFD modeling with GRNN[J]. Process Safety and Environmental Protection, 2021,154:291-305.

[71] 董虎. 某大型商业建筑消防安全疏散数值模拟研究[C]//中国消防协会学术工作委员会,中国人民武装警察部队学院消防工程系. 2018 消防科技与工程学术会议论文集. 北京:化学工业出版社,2018:111-117.

[72] 马子超,李杰,岳忠. 高校宿舍楼火灾应急疏散研究[J]. 消防科学与技术,2016(7):935-938.

[73] 张绪冰,谢雨飞. 基于时间着色 Petri 网的建筑火灾疏散系统建模与仿真[J]. 消防科学与技术,2021,40(8):1183-1189.

[74] 刘剑锋,游波,周超,等. 建筑火灾与人员安全疏散模拟[J]. 湖南科技大学学报(自然科学版),2022,37(4):9-17.

[75] LIU X,JIANG D,TAO B,et al. A systematic review of digital twin about physical entities, virtual models, twin data, and applications[J]. Advanced Engineering Informatics,2023,55:101876.

第2章 数值模拟技术理论基础

数值模拟技术的基本思路是将科研或工程中待解决的问题抽象为数学物理模型,采用数值计算方法求解数学方程组在初始条件和边界条件下的特定解,利用图形或其他可视化的形式表达方程组的数值解,从而得到所研究问题的解决方案。

本书第3~7章是数值模拟技术在流体流动、传热及相关传质现象(如化学反应)中的应用,本章介绍与其相关的计算流体动力学基础。其他关于燃烧和人员疏散的基础理论将在相应章节里介绍。

2.1 计算流体动力学概述

计算流体动力学(CFD)是现代流体力学、计算数学和计算机科学相结合的交叉科学。它以计算机为工具,应用各种离散方法,对流体力学中基础理论和工程应用问题进行模拟和分析,研究各种流动问题。流体力学实验研究和理论分析是建立计算流体力学计算模型的理论依据;偏微分方程理论和数值算法的发展为计算流体力学奠定了算法基础;超高速大容量巨型计算机的不断涌现为复杂流动数值模拟提供了强大的计算工具。

CFD的基本思想可以归结为:由流体力学基本物理定律出发,确定控制流动的基本方程组(质量守恒方程、动量守恒方程、能量守恒方程);然后,通过在网格节点上数值离散,把原来在时间域及空间域上的连续流动量,如速度场、密度场、压力场和温度场,用有限的离散节点上的变量集合来代替;通过一定的数值处理原则和计算方法,建立离散节点上变量之间所满足的代数方程组,并数值求解这些代数方程组,获得连续流动量在这些离散节点上的近似值、各种复杂流动问题的流动量分布,以及它们随时间和空间的变化规律;结合计算机辅助设计,对各种科学问题、工程应用和生产实践进行预测和状态优化设计。

目前,CFD的工程应用可分为三个阶段:前处理、计算求解、计算后处理。CFD的一般处理流程如图2.1所示。

前处理主要包括的任务有:

① 定义所求问题的几何计算域;

② 将计算域划分为多个互不重叠的子区域,形成由单元组成的网格;

③ 对所要研究的物理或化学现象进行抽象,选择相应的控制方程;

④ 定义流体的属性参数;

⑤ 设置边界条件和初始条件。

计算求解的核心是数值求解方法。常用的数值求解方法包括有限差分、有限元、谱方法和

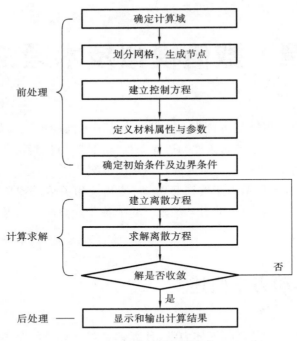

图 2.1　CFD 的一般处理流程

有限体积法等。从总体上讲,这些方法的求解过程包括以下步骤:

　　① 借助简单函数来近似待求的流动变量;

　　② 将该近似关系代入连续性控制方程中,形成离散方程组;

　　③ 求解代数方程组。

各种数值求解方法的主要差别在于流动变量的近似方式及相应的离散化过程。

计算后处理阶段的任务是有效观察和分析流动计算结果。

2.2　流体运动方程

　　黏性流体宏观运动所遵循的规律是由物理学三大守恒定律(即质量守恒定律、动量守恒定律和能量守恒定律)所揭示的。将这三大定律结合流体的特点用场方法所做的数学描述就是流体动力学基本方程组。在一般情况下,现在还不能对流体动力学基本方程组求出其一般性的解析解,但研究基本方程组的性质却具有极其重要的意义,因为千变万化的流动现象都是由这个方程组所包含的数学规律约定的。所以,在应用数值模拟方法时首先需了解流体的基本特性,建立正确的数学物理方程。

2.2.1　流体与流动的基本特性

　　在建立流体动力学控制方程之前,需了解流体及其基本特性,这也决定了流动控制方程组及计算方法的选择。

众所周知,液体和气体在任何微小剪切力的持续作用下发生连续不断的变形,平衡状态被破坏,产生流动。液体和气体的这一特点,是与固体区别的根本标志,也表明了流体的易流动性。因此,在任何微小剪切力持续作用下连续变形的物质,称为流体。

1. 牛顿流体

对于日常生活和工程实践中最常遇到的流体,切应力与剪切变形速率符合式(2.1)的线性关系,这种流体被称为牛顿流体。通常水、空气等是牛顿流体。

$$\tau = \frac{F}{A} = \mu \frac{U}{h} \tag{2.1}$$

式中:τ——单位面积上的切应力;

F——实验中流体在平板的带动下受到的剪切力;

A——流体与平板的接触面积;

μ——流体动力黏性系数;

U——平板运动速度;

h——静止与运动的两平板间距。

而切应力与变形速率不成线性关系者称为非牛顿流体,通常油脂、油漆、牛奶、牙膏、血液、泥浆等均为非牛顿流体。非牛顿流体的研究在化纤、塑料、石油、化工、食品及很多轻工业中有着广泛的应用。

2. 理想流体

流体在静止时虽不能承受切应力,但在运动时,相邻的两层流体间的相对运动是有抵抗力的,这种抵抗力称为黏性应力。流体所具备的这种抵抗两层流体相对滑动,或者说抵抗变形的性质称为黏性。黏性的大小依赖于流体的性质,并显著地随温度变化。实验表明,黏性应力的大小与黏性及相对速度成正比。当流体的黏性较小(实际上最重要的流体如空气、水等的黏性都是很小的),运动的相对速度也不大时,所产生的黏性应力比起其他类型的力如惯性力可以忽略不计。此时我们可以近似地把流体看成无黏性的,这样的流体称为理想流体。

需要说明的是,真正的理想流体在客观实际中是不存在的,它只是实际流体在某些条件下的一种近似模型。

3. 不可压缩流体

在流体的运动过程中,流体质点的体积或密度在受到一定压力差或温度差的条件下可以改变的这种性质称为压缩性。

真实流体都是可以压缩的,但是如果压力差、温度差较小,运动速度较小,且气体所产生的体积变化也不大(例如水在 100 个大气压下,体积缩小 0.5%,温度从 20 ℃变化到 100 ℃,体积增加 4%),此时,也可以近似地将气体(流速小于 50 m/s)视为不可压缩的。同样,完全不可压缩流体实际上是不存在的,它只是真实流体在某种条件下的近似。

4. 定常与非定常流动

根据流体流动的物理量(如速度、压力、温度等)是否随时间变化,将流动分为定常流动与非定常流动两大类。

当流体流动的物理量不随时间变化时,称为定常流动;反之,称为非定常流动。定常流动也称为恒定流动,或者稳态流动。工程中绝大部分稳定运行的流体流动可采用定常流动来描述,如:锅炉燃烧、风机运行、化工过程中的流体流动。

非定常流动也称为非恒定流动、非稳态流动。许多流体机械在启动或关机时的流体流动一般是非定常流动,而正常运转时的流体流动可看作定常流动。

5. 层流与湍流

一般说来,当我们考虑溯源于黏性及能量耗散的物理现象(如与机械能耗散有关的阻力问题)时,理想流体的模型就不再适用,这时就必须把流体看成是有黏性的。

实验表明,黏性流体运动有两种形态,即层流和湍流。这两种形态的性质截然不同。层流流体运动规则,各部分分层流动互不掺混,质点的迹线是光滑的,而且流动稳定;而湍流的特征则完全相反,流体运动极不规则,各部分激烈掺混,质点的迹线杂乱无章,而且流场极不稳定。这两种截然不同的运动形态在一定条件下可以相互转化。

6. 迹线与流线

流体运动的几何表示主要有两种,分别是迹线与流线。迹线的概念与拉格朗日观点相联系,即主要关注同一流体质点的运动。它是同一流体质点在不同时刻运动时所描绘出来的曲线。流线的概念则与欧拉观点相联系,它是某一瞬间流场内一条想象的曲线,该曲线上的各点的速度方向和曲线在该点的切线方向重合,它是同一时刻不同质点所组成的曲线。

2.2.2 流体动力学控制方程

流体力学基本方程组也称纳维-斯托克斯(Navier-Stokes)方程组,简称 N-S 方程组,包括质量方程(连续性方程)、动量方程和能量方程,它反映了自然界中的流动守恒定律。

1. 质量守恒方程

质量守恒方程是质量守恒定律在运动流体中的数学表述,即单位时间内控制体中质量的增加等于单位时间内流入该控制体的净质量。

如图 2.2 所示,单位时间内控制体中质量增加:

$$\frac{\partial}{\partial t}(\rho \Delta x \Delta y \Delta z) = \frac{\partial \rho}{\partial t} \Delta x \Delta y \Delta z \tag{2.2}$$

而单位时间内进入控制体的流体质量为

$$\left(\rho u - \frac{\partial(\rho u)}{\partial x} \cdot \frac{1}{2}\Delta x\right)\Delta y \Delta z - \left(\rho u + \frac{\partial(\rho u)}{\partial x} \cdot \frac{1}{2}\Delta x\right)\Delta y \Delta z$$

$$+ \left(\rho v - \frac{\partial(\rho v)}{\partial y} \cdot \frac{1}{2}\Delta y\right)\Delta x \Delta z - \left(\rho v + \frac{\partial(\rho v)}{\partial y} \cdot \frac{1}{2}\Delta y\right)\Delta x \Delta z$$

$$+ \left(\rho w - \frac{\partial(\rho w)}{\partial z} \cdot \frac{1}{2}\Delta z\right)\Delta x \Delta y - \left(\rho w + \frac{\partial(\rho w)}{\partial z} \cdot \frac{1}{2}\Delta z\right)\Delta x \Delta y \tag{2.3}$$

式(2.2)、式(2.3)相等后得:

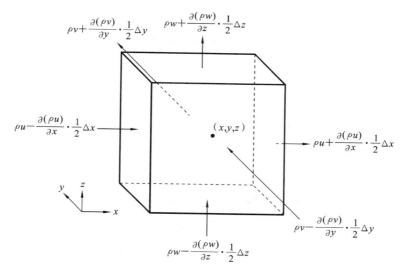

图 2.2   流体微元体中的质量守恒

$$\frac{\partial \rho}{\partial t}+\frac{\partial (\rho u)}{\partial x}+\frac{\partial (\rho v)}{\partial y}+\frac{\partial (\rho w)}{\partial z}=0 \tag{2.4}$$

式中：ρ——密度；

t——时间；

u、v、w——速度矢量 $\boldsymbol{u}$ 在 x、y、z 方向上的分量。

式(2.4)写成散度形式为

$$\frac{\partial p}{\partial t}+\mathrm{div}(\rho u)=0 \tag{2.5}$$

2. 动量守恒方程

流体的动量方程是动量守恒定律在运动流体中的表述，即控制体中流体动量的增加率等于作用在微元体上的各种力的总和。动量守恒的原理表明，如果没有任何外力施加在物体上，则该物体保持它的总动量（即质量和速度的乘积）不变。由于动量是向量，因此其在任何方向上的分量也是守恒的。

单位时间内控制体 x、y、z 方向的流体总动量增量分别为：$\rho \dfrac{Du}{Dt}$、$\rho \dfrac{Dv}{Dt}$、$\rho \dfrac{Dw}{Dt}$。

此处 $\dfrac{D\phi}{Dt}$ 为随体导数，$\dfrac{D\phi}{Dt}=\dfrac{\partial \phi}{\partial t}+u \cdot \mathrm{grad}\phi$，它定义了单位质量流体属性 ϕ 对时间的变化率，则 $\rho \dfrac{D\phi}{Dt}$ 定义了单位体积流体属性 ϕ 对时间的变化率。

作用在流体微团上的力包括：表面力（压力、黏性力等）、体积力（重力、离心力、科氏力、电磁力等）[1]。以 x 方向流体微团所受到的表面力为例，如图 2.3 所示。

X 面合力计算：

$$\left[\left(p-\frac{\partial p}{\partial x}\cdot \frac{1}{2}\Delta x\right)-\left(\tau_{xx}-\frac{\partial \tau_{xx}}{\partial x}\cdot \frac{1}{2}\Delta x\right)\right]\Delta y\Delta z$$

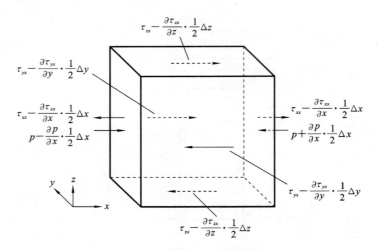

图 2.3　流体微团 x 方向所受表面力

$$+\left[-\left(p+\frac{\partial p}{\partial x}\cdot\frac{1}{2}\Delta x\right)+\left(\tau_{xx}+\frac{\partial \tau_{xx}}{\partial x}\cdot\frac{1}{2}\Delta x\right)\right]\Delta y\Delta z$$

$$=\left(-\frac{\partial p}{\partial x}+\frac{\partial \tau_{xx}}{\partial x}\right)\Delta x\Delta y\Delta z \tag{2.6}$$

Y 面合力计算：

$$-\left(\tau_{yx}-\frac{\partial \tau_{yx}}{\partial y}\cdot\frac{1}{2}\Delta y\right)\Delta x\Delta z+\left(\tau_{yx}+\frac{\partial \tau_{yx}}{\partial y}\cdot\frac{1}{2}\Delta y\right)\Delta x\Delta z=\frac{\partial \tau_{yx}}{\partial y}\Delta x\Delta y\Delta z \tag{2.7}$$

Z 面合力计算：

$$-\left(\tau_{zx}-\frac{\partial \tau_{zx}}{\partial z}\cdot\frac{1}{2}\Delta z\right)\Delta x\Delta y+\left(\tau_{zx}+\frac{\partial \tau_{zx}}{\partial z}\cdot\frac{1}{2}\Delta z\right)\Delta x\Delta y=\frac{\partial \tau_{zx}}{\partial z}\Delta x\Delta y\Delta z \tag{2.8}$$

x 方向总合力（单位体积）为[2]

$$\frac{\partial(-p+\tau_{xx})}{\partial x}+\frac{\partial \tau_{yx}}{\partial y}+\frac{\partial \tau_{zx}}{\partial z} \tag{2.9}$$

以相同方式,可以得到 y 方向和 z 方向的合力。三个方向的动量守恒方程可写为

x 方向：

$$\rho\frac{\mathrm{D}u}{\mathrm{D}t}=\frac{\partial(-p+\tau_{xx})}{\partial x}+\frac{\partial \tau_{yx}}{\partial y}+\frac{\partial \tau_{zx}}{\partial z}+S_{Mx} \tag{2.10a}$$

y 方向：

$$\rho\frac{\mathrm{D}v}{\mathrm{D}t}=\frac{\partial \tau_{xy}}{\partial x}+\frac{\partial(-p+\tau_{yy})}{\partial y}+\frac{\partial \tau_{zy}}{\partial z}+S_{My} \tag{2.10b}$$

z 方向：

$$\rho\frac{\mathrm{D}w}{\mathrm{D}t}=\frac{\partial \tau_{xz}}{\partial x}+\frac{\partial \tau_{yz}}{\partial y}+\frac{\partial(-p+\tau_{zz})}{\partial z}+S_{Mz} \tag{2.10c}$$

S_{Mx}、S_{My}、S_{Mz} 分别是 x、y、z 方向上由体积力引起的源项。

利用牛顿黏性定律处理切向应力：

$$\tau_{xx}=2\mu\frac{\partial u}{\partial x}+\lambda\mathrm{div}u \quad \tau_{xy}=\tau_{yx}=\mu\left(\frac{\partial u}{\partial y}+\frac{\partial v}{\partial x}\right) \tag{2.11a}$$

$$\tau_{yy}=2\mu\frac{\partial v}{\partial y}+\lambda\mathrm{div}u \quad \tau_{xz}=\tau_{zx}=\mu\left(\frac{\partial u}{\partial z}+\frac{\partial w}{\partial x}\right) \tag{2.11b}$$

$$\tau_{zz}=2\mu\frac{\partial w}{\partial z}+\lambda\mathrm{div}\quad u\tau_{yz}=\tau_{zy}=\mu\left(\frac{\partial v}{\partial z}+\frac{\partial w}{\partial y}\right) \tag{2.11c}$$

其中：$\mathrm{div}u=\frac{\partial u}{\partial x}+\frac{\partial v}{\partial y}+\frac{\partial w}{\partial z}$，$\lambda=-\frac{2}{3}\mu$，$\mu$ 为黏度。

将（2.11）分别代入动量方程（2.10）即可得到与速度 u 和压力 p 有关的动量方程：

$$\rho\frac{\mathrm{D}u}{\mathrm{D}t}=\frac{\partial(\rho u)}{\partial t}+\mathrm{div}(\rho uu)=-\frac{\partial p}{\partial x}+\mathrm{div}(\mu\mathrm{grad}u)+S_{Mx} \tag{2.12a}$$

$$\rho\frac{\mathrm{D}v}{\mathrm{D}t}=\frac{\partial(\rho v)}{\partial t}+\mathrm{div}(\rho vu)=-\frac{\partial p}{\partial y}+\mathrm{div}(\mu\mathrm{grad}v)+S_{My} \tag{2.12b}$$

$$\rho\frac{\mathrm{D}w}{\mathrm{D}t}=\frac{\partial(\rho w)}{\partial t}+\mathrm{div}(\rho wu)=-\frac{\partial p}{\partial z}+\mathrm{div}(\mu\mathrm{grad}w)+S_{Mz} \tag{2.12c}$$

3. 能量守恒方程

流体的能量守恒方程是能量守恒定律在运动流体中的表述，即控制体内热力学能量的增加率＝进入控制体的净热流量＋体积力与表面力对控制体做的功。能量守恒方程来源于热力学第一定律，该定律表明，在一个过程当中，能量既不会凭空消失也不会凭空产生，它只能从一种形式（动能、势能、化学能等）转化为另一种形式。因此，在孤立系统中，所有形式的能量之和保持不变。

单位体积的控制体能量的增加率为 $\rho\frac{\mathrm{D}E}{\mathrm{D}t}$，其中 E 为总能，包括内能与动能。

如图 2.4 所示，进入微元体的净热流量（q 为热通量向量）为

$$\left[\left(q_x-\frac{\partial q_x}{\partial x}\cdot\frac{1}{2}\Delta x\right)-\left(q_x+\frac{\partial q_x}{\partial x}\cdot\frac{1}{2}\Delta x\right)\right]\Delta y\Delta z=-\frac{\partial q_x}{\partial x}\Delta x\Delta y\Delta z \tag{2.13a}$$

$$\left[\left(q_y-\frac{\partial q_y}{\partial y}\cdot\frac{1}{2}\Delta y\right)-\left(q_y+\frac{\partial q_y}{\partial y}\cdot\frac{1}{2}\Delta y\right)\right]\Delta x\Delta z=-\frac{\partial q_y}{\partial y}\Delta x\Delta y\Delta z \tag{2.13b}$$

$$\left[\left(q_z-\frac{\partial q_z}{\partial z}\cdot\frac{1}{2}\Delta z\right)-\left(q_z+\frac{\partial q_z}{\partial z}\cdot\frac{1}{2}\Delta z\right)\right]\Delta y\Delta z=-\frac{\partial q_z}{\partial z}\Delta x\Delta y\Delta z \tag{2.13c}$$

相加后除以控制体的体积 $\Delta x\Delta y\Delta z$，可得到单位体积的净热流量：

$$-\frac{\partial q_x}{\partial x}-\frac{\partial q_y}{\partial y}-\frac{\partial q_z}{\partial z}=-\mathrm{div}q \tag{2.14}$$

根据傅里叶传热定律：

$$q=-k\mathrm{grad}T \tag{2.15}$$

单位体积的净热流量为：

$$-\mathrm{div}q=\mathrm{div}(k\mathrm{grad}T) \tag{2.16}$$

表面力对流体微团所做的功等于合力与沿着合力方向上的速度分量的乘积[3]。表面力对流体微团的合力在前面已经求出，如式（2.10）所示，则：

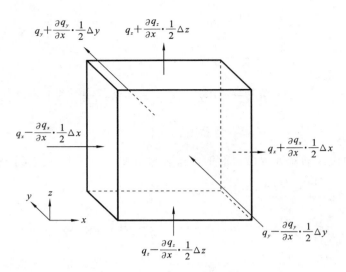

图 2.4　进入微元体的净热流量

x 方向表面力做的功为

$$\left[\frac{\partial(u(-p+\tau_{xx}))}{\partial x}+\frac{\partial(u\tau_{yx})}{\partial y}+\frac{\partial(u\tau_{zx})}{\partial z}\right]\Delta x\Delta y\Delta z$$

y 方向表面力做的功为

$$\left[\frac{\partial(v\tau_{xy})}{\partial x}+\frac{\partial(v(-p+\tau_{yy}))}{\partial y}+\frac{\partial(v\tau_{zy})}{\partial z}\right]\Delta x\Delta y\Delta z$$

z 方向表面力做的功为

$$\left[\frac{\partial(w\tau_{xz})}{\partial x}+\frac{\partial(w\tau_{yz})}{\partial y}+\frac{\partial(w(-p+\tau_{zz}))}{\partial z}\right]\Delta x\Delta y\Delta z$$

将三个方向上表面力做的功相加后除以流体微元体积 $\Delta x\Delta y\Delta z$，可得到表面力对单位体积的微元体所做的功为

$$\left[-\mathrm{div}(pu)\right]+\left[\frac{\partial(u\tau_{xx})}{\partial x}+\frac{\partial(u\tau_{yx})}{\partial y}+\frac{\partial(u\tau_{zx})}{\partial z}+\frac{\partial(v\tau_{xy})}{\partial x}+\frac{\partial(v\tau_{yy})}{\partial y}+\frac{\partial(v\tau_{zy})}{\partial z}\right.$$
$$\left.+\frac{\partial(w\tau_{xz})}{\partial x}+\frac{\partial(w\tau_{yz})}{\partial y}+\frac{\partial(w\tau_{zz})}{\partial z}\right]$$

所以，能量方程可表示为

$$\rho\frac{DE}{Dt}=-\mathrm{div}(pu)+\left[\frac{\partial(u\tau_{xx})}{\partial x}+\frac{\partial(u\tau_{yx})}{\partial y}+\frac{\partial(u\tau_{zx})}{\partial z}+\frac{\partial(v\tau_{xy})}{\partial x}+\frac{\partial(v\tau_{yy})}{\partial y}+\frac{\partial(v\tau_{zy})}{\partial z}\right.$$
$$\left.+\frac{\partial(w\tau_{xz})}{\partial x}+\frac{\partial(w\tau_{yz})}{\partial y}+\frac{\partial(w\tau_{zz})}{\partial z}\right]+\mathrm{div}(k\mathrm{grad}T)+S_E \qquad (2.17)$$

4. 控制方程通用形式

综上所述，质量、动量和能量守恒过程的控制方程都是基于一些特定的物理量或者强度量（单位质量的物理量）来描述的。例如，动量方程是基于单位质量的动量，即流速，来描述动量守恒原理的。所以，同样类型的守恒方程适用于任何强度量 ϕ。

18

控制体内 ϕ 随时间的变化可以通过下面形式的平衡方程描述[4]:

$$\frac{\partial(\rho\phi)}{\partial t} + \mathrm{div}(\rho\phi u) = \mathrm{div}(\Gamma\,\mathrm{grad}\phi) + S_\phi \tag{2.18}$$

式中: $\dfrac{\partial(\rho\phi)}{\partial t}$——瞬态项,表示物质体内 ϕ 在时间间隔 Δt 内的变化;

$\mathrm{div}(\rho\phi u)$——对流项,表示 ϕ 的净流出量;

$\mathrm{div}(\Gamma\,\mathrm{grad}\phi)$——扩散项,表示扩散引起的 ϕ 的增加率;

S_ϕ——源项,表示源项引起的 ϕ 的增加率。

稳态和瞬态的区别在于控制方程中是否存在瞬态项。瞬态项是关于时间的偏导数,因此得到的结果也是与时间相关的。

从物理过程的角度,对流与扩散现象在传递信息或扰动方面的特性有很大的区别。扩散是分子的不规则热运动所致,分子不规则热运动对空间不同方向概率都是一样,因此扩散过程可以把发生在某一地点上的扰动的影响向各个方向传递。而对流是流体微团的定向运动,具有强烈的方向性。在对流作用下,某一地点扰动的影响只能向其下游方向传递而不会逆向传播。

源项是一个广义量,它代表了那些不包含在控制方程的非稳态项、对流项与扩散项中的所有其他各项之和。广义地说,源项是外加其他力得到的,体积力也可以算源项,在温度方程中就是外加的热源,在浓度方程中就是外加的浓度源。

通用控制方程中各符号在不同流动控制方程中的具体形式如表 2.1 所示。

表 2.1　通用控制方程中各符号的具体形式

控制方程	变量 ϕ	变量 Γ
连续方程	1	0
x 方向动量方程	u	μ
y 方向动量方程	v	μ
z 方向动量方程	w	μ
能量方程	i	k

2.2.3　湍流模型

湍流流动是一种高度非线性的复杂流动,但人们已经能够通过某些数值方法对湍流进行模拟,并取得与实际比较吻合的结果,这些对湍流的各种数值模拟方法被称为湍流模型。

目前的湍流数值模拟方法一般被分为直接数值模拟方法和非直接数值模拟方法(如 k-ϵ、k-ω 模型)两大类。所谓直接数值模拟方法是指直接求解瞬时湍流控制方程的方法,但由于其对内存空间及计算速度的要求非常高,目前工程中应用较少,所以本节主要对应用范围较广、应用门槛较低的 k-ϵ 模型进行介绍。

1. 标准 k-ε 模型

标准 k-ε 模型属于典型的双方程湍流模型,它允许通过求解两个独立的输运方程(湍流动能 k 及其耗散率 ε 的输运方程)来确定湍流长度和时间尺度。k-ε 模型具有很好的鲁棒性、经济性,能对大范围湍流进行合理预测,所以在工业流动和传热模拟中非常受欢迎。由于其是一个半经验模型,所以模型方程的推导依赖于现象和经验,求解精度有限,且在模型的推导过程中,需假设流动完全是湍流,分子黏度的影响可以忽略不计。因此,标准 k-ε 模型只适用于完全湍流。

2. RNG k-ε 模型

RNG k-ε 模型对标准 k-ε 模型进行了改进:通过修正湍流动力黏性系数,考虑了平均流动中的旋转及旋转流动情况,使模型对瞬变流和流线弯曲的影响能做出更好的预测;在 k、ε 方程中增加了一项,从而反映了主流的时均变化率,这样使 RNG k-ε 模型中生成项不仅与流动情况有关,而且有效地改善了 k、ε 方程的精度。这些改动使 RNG k-ε 模型能够更好地处理高应变率及流线弯曲程度较大的流动,但依然只对充分发展湍流有效,是高雷诺数湍流模型,对低雷诺数流动和近壁区域流动仍需做特殊处理。

3. 可实现 k-ε 模型

对于时均应变率特别大的情况,标准 k-ε 模型有可能导致负的正应力,这种情况是不可能的。因此,为了保证计算结果的可实现性,可实现 k-ε 模型对正应力进行某种数学约束。

可实现 k-ε 模型直接的优点是对平板和圆柱射流的发散比率的更精确预测,而且它对旋转流动、强逆压梯度的边界层流动、流动分离和二次流有很好的表现。该模型适合的流动类型比较广泛,包括有旋均匀剪切流、自由流(射流和混合层)、腔道流动和边界层流动。对以上流动过程模拟结果都比标准 k-ε 模型的结果好,特别是可实现 k-ε 模型对圆口射流和平板射流模拟能给出较好的射流扩张。

受本书主题和篇幅所限,各种湍流模型的方程形式不一一列举,可参考文献[5]。

2.3 初始条件和边界条件

2.3.1 初始条件

初始条件是指在微分方程中未知函数在初始时刻所需满足的条件。如:方程在初始时刻给定一个条件,使 $y(x)$ 或它的导数 $y'(x)$ 在某点 x_0 取给定的值,如令 $t=0$ 时,$y(x_0)=y_0$,$y'(x_0)=y_0'$,则这个条件就称为初始条件。

2.3.2 边界条件

边界条件指在运动边界上方程组的解应该满足的条件。在许多实际问题中,往往要求微分方程的解在某个给定的区间 $a \leqslant x \leqslant b$ 的端点满足一定的条件,如 $y(a) = A$, $y(b) = B$,则给出的在端点(边界点)的值的条件,称为边界条件。

任何常微分方程或偏微分方程的解析解都依赖于边界条件所确定的常数。因此,即使控制方程保持不变,不同的边界条件也会导致不同的解。数值解也遵守该约束,它的获得需要施加正确无误的边界条件,否则由数值近似在这些条件中引入的微小变化都可能导致所考虑问题的错误解。

对于传导/扩散问题,主要存在狄利克雷、冯·诺依曼两种边界条件类型。狄利克雷边界条件给定的是边界处未知量 ϕ 的值,图 2.5 中 ϕ_b 即为狄利克雷边界条件。冯·诺依曼条件给定了边界处 ϕ 的通量(或者边界单元面的法向梯度),如图 2.6 所示。图中,C 代表传导/扩散的起始位置,N、S、W 分别代表相对于点 C 的位置坐标北、南、西。

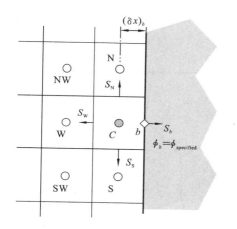

图 2.5　狄利克雷边界条件

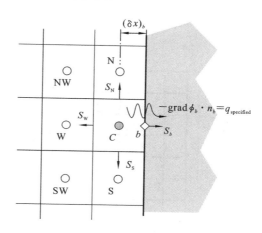

图 2.6　冯·诺伊曼边界条件

2.4　网格划分

网格划分的主要目的是将模型离散化,把求解区域分解成可得到精确值的适当数量的单元,这些空间中的单元设为网格单元或网格点。网格质量直接决定了计算结果的可靠性。对复杂的流动问题,往往需要进行精细的网格划分。一般来说,对几何域的离散可以使用结构网格和非结构网格。

2.4.1　结构化网格

结构化网格是指网格区域内所有的内部点都具有相同的毗邻单元的网格(见图 2.7)。在三维空间中,网格单元类型是六面体,每个内部单元有 6 个相邻单元;在二维平面中,单元类型是四边形,每个内部单元有 4 个相邻单元。

对于规则的结构化网格,计算域内部每个单元所连接的相邻单元数量都是相同的。这些相邻单元可以分别使用 x、y、z 坐标方向上的索引号 i、j、k 来识别,单元值通过索引号来直接访问。因为拓扑信息通过索引系统嵌入到了网格结构中,所以这种做法能大大节省内存。不仅如此,这样做还能提高代码编写、缓存使用以及向量化的效率[6]。

2.4.2　非结构化网格

在物理域的网格化中,非结构化网格是指网格区域内的内部点不具有相同的毗邻单元的网格,其在局部网格加密方面更具灵活性。然而,这种灵活性是以增加计算上的复杂性为代价的。在非结构化网格中,网格单元被顺序编号,单元面、节点以及其他几何量也是如此。这意味着没有一种直接的方法可以仅依据各个实体的索引号将它们联系起来。因此,必须显式地定义局部连接关系。例如,在图 2.8 中,单元①的相邻单元不能直接根据它的索引号推导出来。同样的,单元①的连接面,以及它们的节点,也都不能像在结构化网格中那样,通过索引号推导出来。

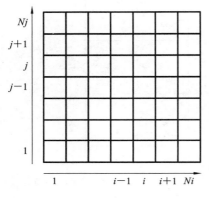 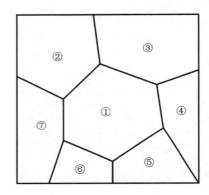

图 2.7　结构化网格的索引　　　　图 2.8　非结构化网格

因此,作为对全局索引的补充,必须显式地提供表明单元、单元面、节点邻接关系的详细拓扑信息。

2.5　控制方程组离散

偏微分方程的数值求解就是寻找因变量 ϕ 在网格点或网格单元形心上的值,通过这些值可以构造出它在整个模拟区域上的分布,从而用离散近似解代替偏微分方程的连续精确解。将控制方程转化为离散的 ϕ 所满足的代数方程的过程称为离散化过程,把能够实现这一转化过程所采用的方法称为离散化方法。通过求解代数方程组,可以得到 ϕ 的离散值。这些代数方程是从控制 ϕ 分布的守恒方程推导而来的,且一般会将相邻网格处的变量进行相互关联。一旦求解成功,结果数据可以用来提取任何需要的信息。离散化过程中涉及的各个步骤可以参见图 2.9。

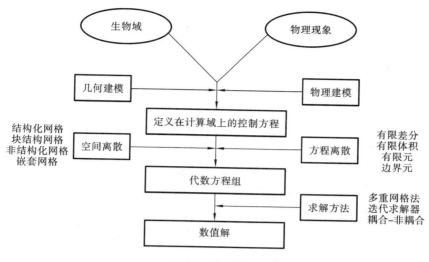

图 2.9　离散过程

根据所引入的因变量在节点之间的分布假设及推导离散化方程的方法的不同,就形成了有限差分法、有限元法、有限体积法(finite volume method,FVM)等不同类型的离散方法。从物理的角度来看,输运的守恒变量(如质量、能量等)在离散的解空间中能够保持守恒是非常重要的,而有限体积法天生具有守恒性,因为对于任意两个单元共享的单元面,离开一个单元的通量与通过同一表面进入另一个单元的通量完全相等。有限体积法又称控制体积法或有限容积法,其基本思路是:将计算区域划分为网格,并使每一个网格点周围有一个互不重复的控制体积;将待解的微分方程(控制方程)对每一个控制体积积分,从而得出一组离散方程。

除了守恒性,还需关注离散方程的准确性,准确性表征的是数值解与精确解的接近程度,一般将截断误差作为准确性的量度。如离散方程截断误差为 $O((\Delta x)^2)$,其代表了二阶精度。这意味着如果网格点的数量增加一倍,那么离散化误差将降为原来的 1/4。通常误差的阶数越高,误差随着网格细化而降低的速度越快。

2.5.1　差分格式

差分是求偏微分方程定解问题数值解的方法中应用最广泛的方法之一。离散方程的未知量是网格点上的因变量 ϕ,求解离散方程后,我们只知道网格点上的未知量的值,为了求出整个控制体积的积分,必须假定 ϕ 在网格点之间的变化规律。通过用网格点上函数的差商代替导数,从而得到一组离散的可求解的方程。这种将含连续变量的偏微分方程定解问题化成只含有限个未知数的代数方程组的方法称为差分格式。

差分格式的选择与流动方程的输运性质有关。众所周知,流体输运具有方向性,在流速和扩散系数都均匀分布的流场中,若单元内存在一个 ϕ 的恒定源,则标量 ϕ 的等值线形状将受到对流和扩散强度比值,即贝克莱数(Pe)的影响[7]。Pe 数的定义式(2.19)所示:

$$Pe = \frac{对流强度}{扩散强度} = \frac{\rho u}{\Gamma / \Delta x} \qquad (2.19)$$

当 $Pe=0$ 时,扩散强度远大于对流强度,则输运过程受制于扩散作用;当 Pe 数较高时,对流强度远大于扩散强度,单元对上游节点的影响较弱甚至没有影响,而对下游节点影响较大。

如果所选择的离散格式不能反映上述情况,就会产生不稳定的解(即非物理振荡)。

1. 中心差分格式

中心差分格式(centra differencing scheme),就是对界面上的物理量采用线性插值公式来计算。中心差分格式适用于 $Pe<2$ 时的情况,如图 2.10 所示。

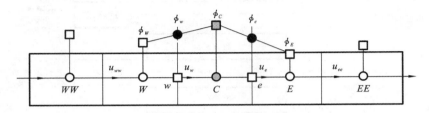

图 2.10　一维问题的中心差分格式

2. 一阶迎风格式

在中心差分格式中,界面 w 处物理量 ϕ 的值总是同时受到 ϕ_C 和 ϕ_w 的共同影响。在一个由对流主导的由西向东的流动中,上述处理方式明显是不合适的。这是由于 w 界面应该受到来自节点 W 比来自于节点 C 的影响更强烈。针对对流项,给出迎风方案,迎风格式在确定界面的物理量时考虑了流动方向,如图 2.11 所示。

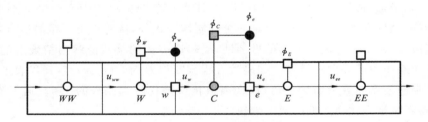

图 2.11　一维问题的迎风格式

一阶迎风格式考虑了流动方向的影响,在任何条件下都不会引起解的振荡,永远都可得到在物理上看起来合理的解,所以得到广泛使用。

然而一阶迎风格式所生成的离散方程的截断误差阶数比较低,虽然不会出现解的振荡,但也常常限制了解的精度。除非采用相当细密的网格,否则计算结果的误差较大。研究证明,在对流项中心差分的数值解不出现振荡的参数范围内,在相同的网格节点数条件下,采用中心差分格式的计算结果要比采用一阶迎风格式的结果误差小。因此,随着计算机处理能力的提高,一阶迎风格式常被二阶迎风格式或其他高阶格式所代替。

3. 二阶迎风格式

由于中心差分格式的不稳定性和迎风格式的低精度无法满足我们的计算需求,因此下面介绍几种高阶迎风格式,目的是保证在无条件稳定的情况下至少产生二阶精度。

与中心差分格式类似,在二阶迎风格式中,面 f 上的值由点 C 和其上游点 U 两点决定。与中心差分格式的线性插值不同的是,本方法是通过该面的上游两网格单元值线性外推得到的。

该格式为二阶精度,因此称为二阶迎风格式(见图 2.12)。

二阶迎风格式可以看作是在一阶迎风格式的基础上,考虑了物理量在节点间分布曲线的曲率影响。在二阶迎风格式中,实际上只是对流项采用了二阶迎风格式,而扩散项仍采用中心差分格式。上面已经证明,二阶迎风格式的离散方程具有二阶精度的截差。此外二阶迎风格式的一个显著特点是单个方程不仅包含相邻节点的未知量,还包括相邻节点旁边其他节点的物理量,从而使离散方程组不再是原来的三对角方程。

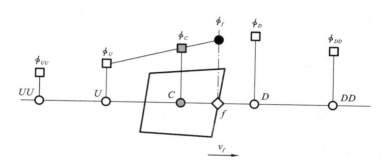

图 2.12   一维问题的二阶迎风格式

4. QUICK 格式

QUICK 格式全称为 the quadratic upstream interpolation for convective kinematics (QUICK) scheme,直译为对流运动学的二次上游插值。

该方法如图 2.13 所示,利用面 f 上游方向上两点和下游一个点的值来构造二次多项式。在控制体积右界面上的值 ϕ_f,如采用分段线性方式插值(中心差分),有 $\phi_f = (\phi_C + \phi_D)/2$。但由此图可见,当实际的 ϕ 曲线下凹时,实际 ϕ 值要小于插值结果,可以想象,当曲线上凸时则实际的 ϕ 值又大于插值结果。一种更合理的方法是在分段线性插值基础上引入一个曲率修正。

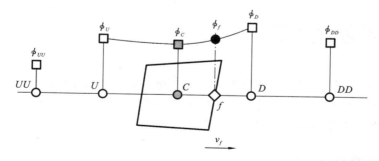

图 2.13   一维问题的 QUCIK 格式

对与流动方向对齐的结构网格而言，QUICK 格式将可产生比二阶迎风格式等更精确的计算网格，因此，QUICK 格式常用于六面体网格。对于其他类型的网格，一般使用二阶迎风格式。

2.5.2 初始条件和边界条件离散

前面所给定的初始条件和边界条件是连续性的，现在需要针对所生成的网格，将连续型的初始条件和边界条件转化为特定节点上的值，如在静止壁面上速度为 0，静止壁面上共有 90 个节点，则这些节点上的速度值应均设为 0。这样，连同在各节点上所建立的离散的控制方程，才能对方程组进行求解。

在商用 CFD 软件中，往往在前处理阶段完成了网格划分后，直接在边界上指定初始条件和边界条件，然后由前处理软件自动将这些条件按离散的方式分配到相应的节点上去。

2.6 离散方程求解

有限体积法的离散结果是一组代数方程，方程组的阶数取决于所要求解问题的空间维度和离散网格的疏密程度，以及单个节点上所要求解的场变量个数。通常，对于流体流动问题或者传热传质问题，离散所得的代数方程的个数是相当多的。对于工程问题，则离散所得的代数方程往往以十万或百万计。求解这种规模的代数方程组需占用相当多的计算机资源，同时也是相当耗时的。采用直接线性求解器来求解这样的方程组基本上是不现实的，因为这些方程组中通常包含非线性方程，其系数与解有关，因此求解过程是一个迭代过程。

迭代法的基本思路：首先对求解的未知量给一个预测值，代入代数方程组，通过使用上一步迭代结束时获得的结果作为后续迭代的初始猜测值，不断逼近最终解。若中间解一直在向最终解靠近，则称该过程是收敛的，否则称为发散的。

在离散空间上建立了离散化的代数方程，并施加离散化的初始条件和边界条件后，还需要给定流体的物理参数和湍流模型的经验系数等。此外，还要给定迭代计算的控制精度、瞬态问题的时间步长和输出频率等条件。

2.7 解的收敛性判断

在任何迭代求解的过程中，非常重要的一点是确定什么时候方程的解可以被认为已经足够好，或什么时候解的误差可以被认为已经低于一定的容差，或当前守恒方程的解已经达到的精度是多少，即如何在不知道最终解的情况下评估解的收敛程度。

2.7.1 方程的残差形式

我们可以将某一物理量两次迭代计算值的差值称为该物理量的迭代残差。残差来源于迭代求解方程时产生的误差。

在 CFD 计算中,每一个网格上都会存储众多物理量,因此每一个网格上的任一个物理量在计算迭代过程中都会存在一个残差,这意味着在一次迭代过程中,同一物理量在不同的计算网格上有不同的计算残差,而实际上我们在进行 CFD 计算时,每一个迭代步只对应着一个残差值。

离散代数方程可被写成如下形式:

$$a_C\phi_C + \sum_{F\sim NB(C)} a_F\phi_F = b_C \tag{2.20}$$

通过重新排列,上式也可以写成残差形式,以求取满足方程的修正量。因此,若用 ϕ_C^* 和 ϕ'_C 分别表示上次迭代步的 ϕ_C 值以及满足式(2.20)所需要的修正量,则方程的解可以表示为

$$\phi_C = \phi_C^* + \phi'_C \tag{2.21}$$

因此,式(2.20)可以改写为

$$a_C(\phi_C^* + \phi'_C) + \sum_{F\sim NB(C)} a_F(\phi_F^* + \phi'_F) = b_C \tag{2.22}$$

或者

$$a_C\phi'_C + \sum_{F\sim NB(C)} a_F\phi'_F = b_C - \left(a_C\phi_C^* + \sum_{F\sim NB(C)} a_F\phi_F^*\right) \tag{2.23}$$

注意,式(2.23)右边的项表示方程的残差。单元 C 的残差可以用 Res_C^ϕ 表示,则

$$\mathrm{Res}_C^\phi = a_C\phi'_C + \sum_{F\sim NB(C)} a_F\phi'_F = b_C - \left(a_C\phi_C + \sum_{F\sim NB(C)} a_F\phi_F\right) \tag{2.24}$$

因此,对方程的精确解来说,有 $\mathrm{Res}_C^\phi = 0$。

下面将介绍几个基于 Res_C^ϕ 的残差指标。

1. 绝对残差

根据残差的定义式(2.24)可知,残差可能为正,也可能为负。由于残差的正负并不重要,因此通常使用 Res_C^ϕ 的绝对值(用 R_C^ϕ 表示)来判断解是否达到收敛状态。随着迭代的进行,如果 R_C^ϕ 减小,则说明解将会收敛,否则将会发散。点 C 处 R_C^ϕ 的计算公式为

$$R_C^\phi = \left| b_C - \left(a_C\phi_C + \sum_{F\sim NB(C)} a_F\phi_F\right) \right| \tag{2.25}$$

2. 最大残差

在整个解空间中,解的最大残差的计算公式为

$$R_{C,\max}^\phi = \max_{\text{所有单元}}\left| b_C - \left(a_C\phi_C + \sum_{F\sim NB(C)} a_F\phi_F\right) \right| = \max_{\text{所有单元}} \tag{2.26}$$

当最大残差小于或等于一个接近于 0 的域值 ε 时,便可假定解可以达到收敛状态,即 $R_{C,\max}^\phi \leqslant \varepsilon \rightarrow$ 收敛。

3. 均方根残差

计算所有单元上的绝对残差的平方和,并取平均再开方,可以得到另一个收敛指标,称为均方根残差,其数学定义式为

$$R_{C,\mathrm{rms}}^\phi = \sqrt{\frac{\sum_{C\sim\text{所有单元}}\left(b_C - \left(a_C\phi_C + \sum_{F\sim NB(C)} a_F\phi_F\right)\right)^2}{\text{单元个数}}} = \sqrt{\frac{\sum_{C\sim\text{所有单元}}(R_C^\phi)^2}{\text{单元个数}}} \tag{2.27}$$

在这种情况下,收敛准则可以表示为 $R^{\phi}_{C,\mathrm{rms}} \leqslant \varepsilon \rightarrow$ 收敛。

4. 归一化残差

绝对残差的大小与变量 ϕ 有关,因此,若变量值不同,残差 R^{ϕ}_C 也会不同,这使得辨别一个解是否收敛很难。在这种情况下,通过将不同的残差除以它们各自的最大通量,可以更好地了解当前问题的收敛情况。回顾前面介绍的,a_C 表示单元上的面通量之和,为了得到一个相对误差,将残差根据变量 ϕ 局部值进行缩放,即除以域上 $a_C\phi_C$ 的最大值,相应的数学表达式为

$$R^{\phi}_{C,\text{缩放}} = \frac{\left| a_C\phi_C + \sum\limits_{F\sim NB(C)} a_F\phi_F - b_C \right|}{\max\limits_{\text{所有单元}} |a_C\phi_C|} \tag{2.28}$$

当缩放后的绝对残差的最大值等于或小于一个接近于 0 的域值 ε 时,即

$$\max\nolimits_{\text{所有单元}} (R^{\phi}_{C,\text{缩放}}) \leqslant \varepsilon \rightarrow \text{收敛}$$

可以假定解已经收敛。

通常,归一化残差的域值 ε 的数量级为 10^{-3} 到 10^{-5} 甚至更小。

2.7.2 判断方程的收敛性

在迭代计算过程判断解是否已经收敛,当各个物理变量的残差值都达到收敛标准时,就认为计算收敛。目前普遍认为的收敛标准是:除了能量的残差值外,当所有变量的残差值都降到低于 10^{-3} 时,而能量的残差值的收敛标准为低于 10^{-6}。

除了观察绝对残差或者归一化残差的变化,也可结合如下其他物理场标准来判断。

1. 计算结果不再随着迭代的进行发生变化

因为某些计算中收敛标准设置不合适,物理量的残差值在迭代计算的过程中始终无法满足收敛标准。然而,在收敛过程中监测某些代表性的流动变量,可能会发现其值已经不再随着迭代的进行发生变化,此时也可认为计算收敛。

2. 进出口物理量通量达到平衡

最常用的是判断进出口质量是否相等,这实际上是判断连续性条件是否达到。用进出口物理量来判断解是否收敛的情况实际上还有很多,如:计算域中包含化学反应时,判断进出口组分是否守恒;计算域中包含多相流时,判断进出口各相质量是否守恒等。此规则实际上只是收敛的一个必要条件,但是在第一条判断规则无法达到时,也常常采用此规则来判断。

2.8 显示和输出计算结果

通过上述求解过程得出了各计算节点上的解后,需要通过适当的手段将整个计算域上的结果以直观的方式展示出来。这一步也称为计算后处理,用于解读和工程应用。数据展现的方式有很多,如显示速度矢量图、压力等值线图、等温线图、压力云图、流线图,绘制 XY 散点图、残差图,生成流场变化的动画等。

目前的商用软件的可视化信息基本都是以某一截面为基础的。有些表面,如计算的进口表面和壁面等,可能已经存在,在对计算结果进行后处理时直接使用即可。但在多数情况下,为了达到对空间任意位置上的某些变量的观察、统计及制作 XY 散点图,需要创建新的表面。后处理软件提供了多种方法,用以生成各种类型的表面。在生成这些表面后,将表面的信息存储在案例文件中。

本章参考文献

[1] 吴望一. 流体力学[M]. 北京:北京大学出版社,2021.

[2] MOUKALLED F, MANGANI L, DARWISH M. 计算流体力学中的有限体积法:Open-FOAM 和 Matlab 高级导论[M]. 北京:中国水利水电出版社,2020.

[3] 陶文铨. 数值传热学[M]. 西安:西安交通大学出版社,2001.

[4] BLAZEK J . Computational fluid dynamics:principles and applications[J]. Computational Fluid Dynamics Principles & Applications,2001,55(2):1-4.

[5] 王福军. 计算流体动力学分析:CFD 软件原理与应用[M]. 北京:清华大学出版社,2004.

[6] VERSTEEG H. 计算流体动力学导论[M]. 2 版. 北京:世界图书出版公司北京公司,2010.

[7] FERZIGER J H , PERIC M . Computational methods for fluid dynamics[M]. Berlin : Sprigner,1999.

第3章 数值模拟技术在金属热处理中的应用

金属热处理是机械制造中的重要工艺之一,它是指通过加热、保温和冷却的手段,对固态材料进行处理以获得预期组织和性能的一种金属热加工工艺。热处理一般不改变工件的形状和整体的化学成分,而是通过温度的变化来调控工件内部的显微组织,或改变工件表面的化学成分,赋予或改善工件的使用性能。

加热温度是热处理工艺的重要工艺参数之一,选择和控制加热温度,是保证热处理质量的主要问题。加热温度随被处理的金属材料和热处理的目的不同而不同,但一般都是加热到相变温度以上,以获得高温组织。另外转变需要一定的时间,因此当金属工件表面达到要求的加热温度时,还须在此温度保持一定时间,使内外温度一致,使显微组织转变完全,这段时间称为保温时间。

3.1 应用需求分析

热处理的本质即在于控制温度变化,以获得所需的组织。组织转变会引起体积改变,如奥氏体转变为马氏体时体积会发生膨胀。由于零件内部组织转变不同步,并且转变量不同,膨胀量也不同,因而就会产生组织应力。在应力作用下零件发生变形,产生变形功,其中大部分可转化为热量,反过来又影响温度的分布。组织转变产生相变潜热,也会影响温度场的分布[1]。

冷却是热处理工艺过程中不可缺少的步骤,冷却方法因工艺不同而不同,主要是控制冷却速度。一般退火的冷却速度最慢,正火的冷却速度较快,淬火的冷却速度更快。但还因钢种不同而有不同的要求,例如:空硬钢就可以用正火一样的冷却速度进行淬硬[2]。

对于这样复杂的过程,要在理论上求解析解非常困难。对小试样在一定条件下测得的场量也很难直接应用到真正尺寸的实际试件上。而热处理过程的计算机模拟能对试件的温度场、组织场和应力场进行耦合分析,给出每一瞬间的场量分布,并能直接观察到各种场量在热处理过程中的变化情况,这样就可以在节省大量人力、物力和时间的基础上对试件进行全面的分析,预测工件经过热处理后的组织性能,从而可以对工艺方案进行优化,使热处理工艺的制定建立在可靠的科学基础上。

3.2 合金化热镀锌工艺简述

合金化热镀锌钢板(galvannealed sheet steel),简称 GA 钢板,其应用广泛,常见于汽车车体、高速公路护栏、家电外壳、通风管道等。据有关部门统计,按照我国热镀锌板占镀锌板85%的比例计算,2021 年我国重点钢企热镀锌板产量约为 1944 万吨。2022 年前四个月,我国重点钢企热镀锌板产量约为 701 万吨[3]。

　　热镀锌技术是将带钢浸入熔融锌中进行热镀从而获得锌铁合金层的工艺技术,是当今全球最常用、综合性价比最优的带钢表面镀层处理工艺。将带钢浸入 450～550 ℃的熔融锌中进行热镀,镀锌后的带钢由沉没辊和纠偏辊从锌锅引出,经过气刀喷吹掉带钢表面残余锌液,之后立即进入合金化炉感应加热段使带钢被加热到 723～773 K;然后经过保温段保持带钢温度使得镀锌层与带钢基板之间发生合金化反应,并形成铁含量在 7%～15% 的锌铁合金表面层;最后在冷却段由风机鼓入外界空气经风箱上的条缝型喷嘴喷吹,形成的缝隙射流冲击至带钢表面快速冷却带钢,使得炉顶辊出口处的带钢冷却至 573 K 以下。合金化热镀锌钢板生产工艺如图 3.1 所示[4]。

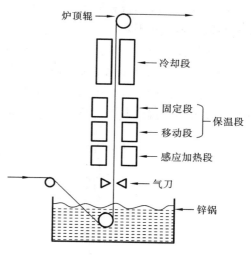

图 3.1　合金化热镀锌钢板生产工艺

3.3　立式合金化炉加热与冷却的数值模拟

　　精确控制锌层合金化温度是获得优质 GA 钢板的关键因素之一。在生产过程中,存在保温段温度降低和冷却段冷却效率不足的问题。在保温段,热量的散发会使保温段温度降低、镀层的形成速度变慢、镀层内化学成分不均匀,影响到镀层的性能和生产效率;在冷却段,热量的进入会使冷却段的冷却效率降低,带钢出口温度升高,出口带钢温度过高时,合金化镀层将脱落在炉顶辊上,造成合金化镀层表面质量缺陷及折皱,附着的锌渣从炉顶辊坠落将引发安全隐患。

　　合金化炉内所涉及的流动过程有混合对流流动与传热。通道内复杂的混合对流是由保温段浮升力引起的自然对流与带钢的移动和冷却段喷射气流引起的强制对流间的相互作用形成的;通道内的传热包括辐射、导热与对流换热。为了解决目前的生产中存在的保温段温度降低、冷却段冷却效率不足的问题,提出了一种"双强化"效应:通过调节保温段与冷却段交界处喷嘴的喷射速度,使交界处达到一种临界状态,冷却气流将保温段热气流抑制在保温段,且冷却气流不会进入保温段,实现增强保温段的保温和冷却段的冷却的"双强化"[5]。

3.3.1　几何模型

　　下面以生产现场立式合金化炉为研究对象。现场合金化炉冷却段高度为 17.5 m,长度为

3.1 m,宽度为 2.16 m,整个冷却段处于 $Y=0$ 线以上。整个冷却段由三组相同的冷却段组成,每组冷却段由一组风箱连接 14 排喷嘴构成,每个条缝型喷嘴的高度为 0.01 m,冷却气体从喷嘴中喷出对带钢进行冷却。保温段总高度为 25.9 m,整个保温段处于 $Y=0$ 线以下。保温段分为两部分——移动段和固定段,其高度分别为 6.7 m 和 19.2 m。对合金化炉炉壁、冷却段风箱和风管等一些不影响计算的结构进行简化后构建合金化炉几何模型。为了更加清楚地体现合金化炉保温段与冷却段的结构,将合金化炉从 $Y=0$ 处分开用两组图片展示,局部进行放大。图 3.2 为立式合金化炉冷却段示意图,截面均为 XY 截面;图 3.3 为立式合金化炉保温段示意图,左图为 XY 截面,中间和右边两图为两局部 YZ 截面放大图,阴影部分为热源面。坐标原点设置为保温段与冷却段交界处带钢中心点,模型关于 XOY 和 YOZ 平面对称。

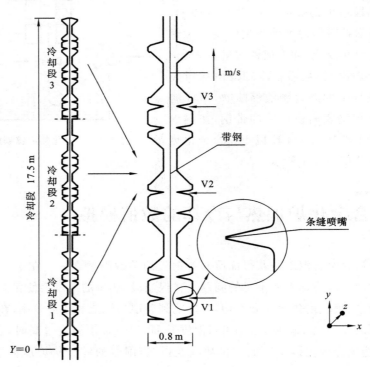

图 3.2　立式合金化炉冷却段示意图

3.3.2　数学物理模型

当生产稳定后,其流动和传热过程可看做是稳态过程,因此采用稳态计算来模拟合金化炉保温段与冷却段的流动与传热,做出了如下假设来简化计算:① 合金化炉内流体均为空气,流动为湍流;② 合金化炉侧壁面均为绝热壁面;③ 忽略固体间的辐射。

垂直通道内的流动所需的方程包括基本的控制方程。采用标准 k-ε 模型,湍流壁面函数选用 Scalable 壁面函数,该函数对于任意细化的网格能给出一致的解[6]。方程组如式(3.1)~式(3.5)所示。

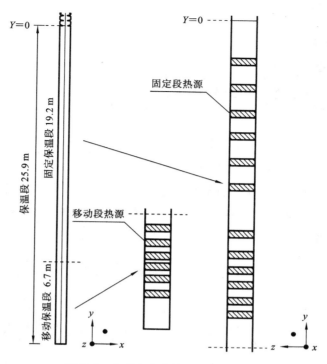

图 3.3 立式合金化炉保温段示意图

1. 质量守恒方程

$$\frac{\partial u}{\partial x}+\frac{\partial v}{\partial y}+\frac{\partial w}{\partial z}=0 \tag{3.1}$$

式中：u、v 和 w 是速度矢量在三维坐标系下沿 x、y 和 z 方向的分量，单位为 m/s。

2. 动量守恒方程

x 方向：

$$u\frac{\partial u}{\partial x}+v\frac{\partial u}{\partial y}+w\frac{\partial u}{\partial z}=-\frac{1}{\rho}\frac{\partial p}{\partial x}+\frac{1}{\rho}(\mu+\mu_t)\left(\frac{\partial^2 u}{\partial x^2}+\frac{\partial^2 u}{\partial y^2}++\frac{\partial^2 u}{\partial z^2}\right) \tag{3.2a}$$

y 方向：

$$u\frac{\partial v}{\partial x}+v\frac{\partial v}{\partial y}+w\frac{\partial v}{\partial z}=-\frac{1}{\rho}\frac{\partial p}{\partial y}+\frac{1}{\rho}(\mu+\mu_t)\left(\frac{\partial^2 v}{\partial x^2}+\frac{\partial^2 v}{\partial y^2}+\frac{\partial^2 v}{\partial z^2}\right)-g \tag{3.2b}$$

z 方向：

$$u\frac{\partial w}{\partial x}+v\frac{\partial w}{\partial y}+w\frac{\partial w}{\partial z}=-\frac{1}{\rho}\frac{\partial p}{\partial z}+\frac{1}{\rho}(\mu+\mu_t)\left(\frac{\partial^2 w}{\partial x^2}+\frac{\partial^2 w}{\partial y^2}+\frac{\partial^2 w}{\partial z^2}\right) \tag{3.2c}$$

式中：ρ——密度，kg/m³；

$\quad\quad p$——压力，Pa；

$\quad\quad \mu$——动力黏度，N·s/m²；

33

μ_t——湍流动力黏度，$\mu_t = \rho C_\mu \dfrac{k^2}{\varepsilon}$；

g——重力加速度，$\mathrm{m/s^2}$。

3. 能量守恒方程

$$\frac{\partial(\rho uT)}{\partial x} + \frac{\partial(\rho vT)}{\partial y} + \frac{\partial(\rho wT)}{\partial z} = \left(\frac{\mu\alpha^*}{P_r} + \frac{\mu_t}{\sigma_T}\right)\left(\frac{\partial^2 T}{\partial x^2} + \frac{\partial^2 T}{\partial y^2} + \frac{\partial^2 T}{\partial z^2}\right) \tag{3.3}$$

式中：T——流体温度，K；

Pr——普朗特数，此处取值为 0.85；

σ_T——常数，取值范围为 0.9～1.0。

为了区分能量方程中的固体和流体，定义了统一的固体和流体的热扩散率 $\alpha^* = k_s(\rho C_p)_f / k_f(\rho C_p)_s$。$C_p$ 是热容量，单位为 $\mathrm{J/(kg \cdot K)}$，下标 s 和 f 分别表示固体和流体。

4. 湍动能 k 方程

$$\frac{\partial(\rho uk)}{\partial x} + \frac{\partial(\rho vk)}{\partial y} + \frac{\partial(\rho wk)}{\partial z} = \alpha_k(\mu + \mu_t)\left(\frac{\partial^2 k}{\partial x^2} + \frac{\partial^2 k}{\partial y^2} + \frac{\partial^2 k}{\partial z^2}\right) + G_k - \rho\varepsilon \tag{3.4}$$

5. 湍流耗散率 ε 方程

$$\frac{\partial(\rho u\varepsilon)}{\partial x} + \frac{\partial(\rho v\varepsilon)}{\partial y} + \frac{\partial(\rho w\varepsilon)}{\partial z} = \alpha_\varepsilon(\mu + \mu_t)\left(\frac{\partial^2 \varepsilon}{\partial x^2} + \frac{\partial^2 \varepsilon}{\partial y^2} + \frac{\partial^2 \varepsilon}{\partial z^2}\right) + \frac{C_{1\varepsilon}^*\varepsilon}{k}G_k - C_{2\varepsilon}\rho\frac{\varepsilon^2}{k}$$

$$\tag{3.5}$$

3.3.3 网格划分

使用前处理软件 ICEM CFD 16.0 对合金化炉模型进行网格划分，为保证计算结果的精确性，均使用六面体网格进行划分，进行网格无关性验证后确定网格总数为 287 万，网格如图 3.4 所示。

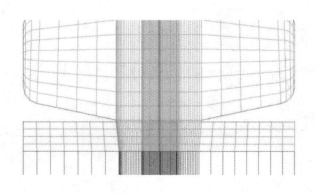
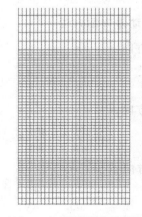

（a）x、y方向网格划分示意图　　　　　（b）y、z方向网格划分示意图

图 3.4　合金化炉网格划分示意图

3.3.4　边界条件设置

模型包括了气体域和固体域两部分,气体域中边界较为复杂,对冷却段和保温段分别进行设置,固体域中统一进行设置。

1. 气体域冷却段边界条件设置

冷却段由三组相同的冷却段构成。冷却空气温度均为 283 K,喷射速度分别为 v_1、v_2 和 v_3。设置 5 种工况,其中 v_1 分别为 40 m/s、55 m/s、56 m/s、57 m/s 和 60 m/s。

冷却段顶部面开放与外界接触,参考压力为 0 Pa,外界温度为 300 K;冷却段 z 方向两端开放;其余壁面均为无滑移绝热壁面。

2. 气体域保温段边界条件设置

保温段加热总功率为 900 kW,其中移动段功率为 500 kW,分为 12 个感应线圈对称分布在带钢两侧炉壁上;固定保温段功率为 400 kW,24 个感应线圈对称分布在带钢两侧炉壁上,如图 3.3 所示,图中一格阴影部分代表 2 个感应线圈。

保温段底部面开放,与外界相通,参考压力为 -50 Pa,外界温度为 730 K;保温段 z 方向封闭,其余壁面均为无滑移绝热壁面。

3. 固体域边界条件设置

带钢两侧与气体域接触壁面设置为流固交界面,带钢以 1 m/s 速度向 y 轴正方向运动;带钢 z 方向侧面与顶部面为对流换热壁面,对流换热系数为 25 W/(m² · K);带钢底部面为定温壁面,壁面温度为 730 K。

4. 物理属性设置

初始状态下空气与带钢的物理属性设置如表 3.1 所示。

表 3.1　空气与带钢物理性质

	密度/(kg/m³)	比热/(J/(kg · K))	导热系数/(W/(m · K))
空气	1.185	1004.4	0.0261
带钢	7854	434	60.5

3.3.5　离散化方法

采用有限体积法对控制方程进行离散。采用高精度中心差分格式作为对流扩散项的离散格式,湍流方程使用一阶迎风格式计算,计算收敛的标准设置为残差的均方根值小于 10^{-4}。

3.3.6　传热问题数值模拟的关键操作步骤

在本例中,采用 Ansys Fluent 18.0 进行数值模拟,关键操作步骤如下。

1. 打开重力项

在本章描述的问题中,通道内复杂的混合对流是因保温段浮升力引起的自然对流与带钢的移动和冷却段喷射气流引起的强制对流间的相互作用而形成的,需设置重力项和 Boussinesq 假设来实现浮升力的计算[7]。

如图 3.5 所示,双击模型树中的 General 选项,勾选 Gravity 选项,根据实际坐标轴将重力加速度的大小设置为−9.81 m/s²。

2. 激活能量方程选项,进行热分析相关的计算

如图 3.6 所示,双击模型,再点击 Energy ,勾选 Energy Equation 选项,点击 OK 确认选项即可激活能量方程。

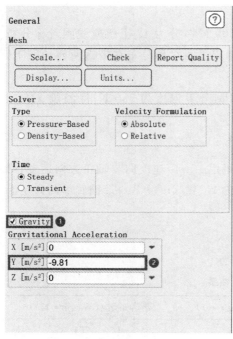

图 3.5　开启重力项　　　　　　　　　　　　　图 3.6　开启能量方程

3. 选择湍流模型和湍流壁面函数

湍流模型选择标准 k-ε 模型,湍流壁面函数选用 Scalable 壁面函数。

在模型树中双击 Viscous,点选 k-epsilon,在 k-epsilon 子选项中点选 Standard,在 Near-Wall Treatment(近壁面函数)中点选 Scalable Wall Functions(可扩展壁面函数),如图 3.7 所示。最后点击 OK 完成设置。

4. 设置相关材料属性

在进行传热问题的建模过程中,用户必须设置流体介质和壁面物质的比热和导热率。根据表 3.1 设置空气和带钢的物理性质。

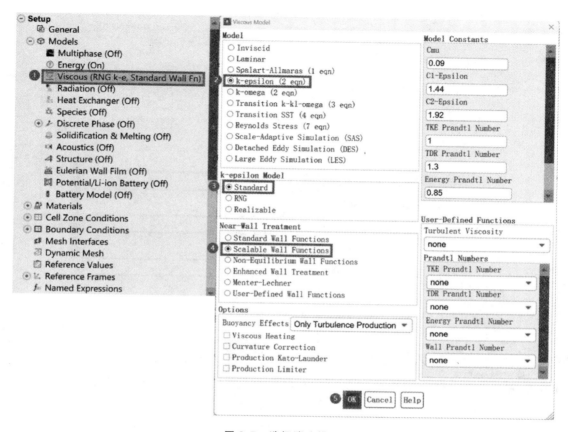

图 3.7　选择湍流模型

在模型树中展开 Materials 选项,在 Mater Type 选项中选择 fluid 并可对空气进行编辑,选择 solid 并展开可对带钢进行编辑。Properties 栏目中,前三项分别为密度、比热和导热系数。设置完成后点击 Change/Create 完成设置。如图 3.8 所示。

5. 边界条件设置

(1)气体域冷却段边界条件设置。

在模型树中选择 Boundary Conditions,对冷却段喷嘴界面右键单击 Type→velocity-inlet,在弹出的 Velocity Inlet 对话框的 Momentum 选项卡中设置 Velocity Magnitude(速度大小,此处以 56 m/s 为例,实际情况需要改变每个冷却段的喷射速度);在 Thermal 选项卡中设置 Tempernture(喷射温度)为 283 K,如图 3.9 所示。设置完成后单击 Apply 退出即可。

(2)气体域保温段边界条件设置。

移动保温段每个感应线圈功率为 41.67 kW,固定保温段每个感应线圈功率为 16.67 kW,用每个感应线圈的加热功率除以它的加热面积,得到感应线圈单位面积的热通量。

操作步骤:在模型树中选择 Boundary Conditions→Wall,找到要定义的加热面,双击打开该加热面进行编辑,单击 Thermal 选项卡,在 Thermal Conditions 选项中点选 Heat Flux(热

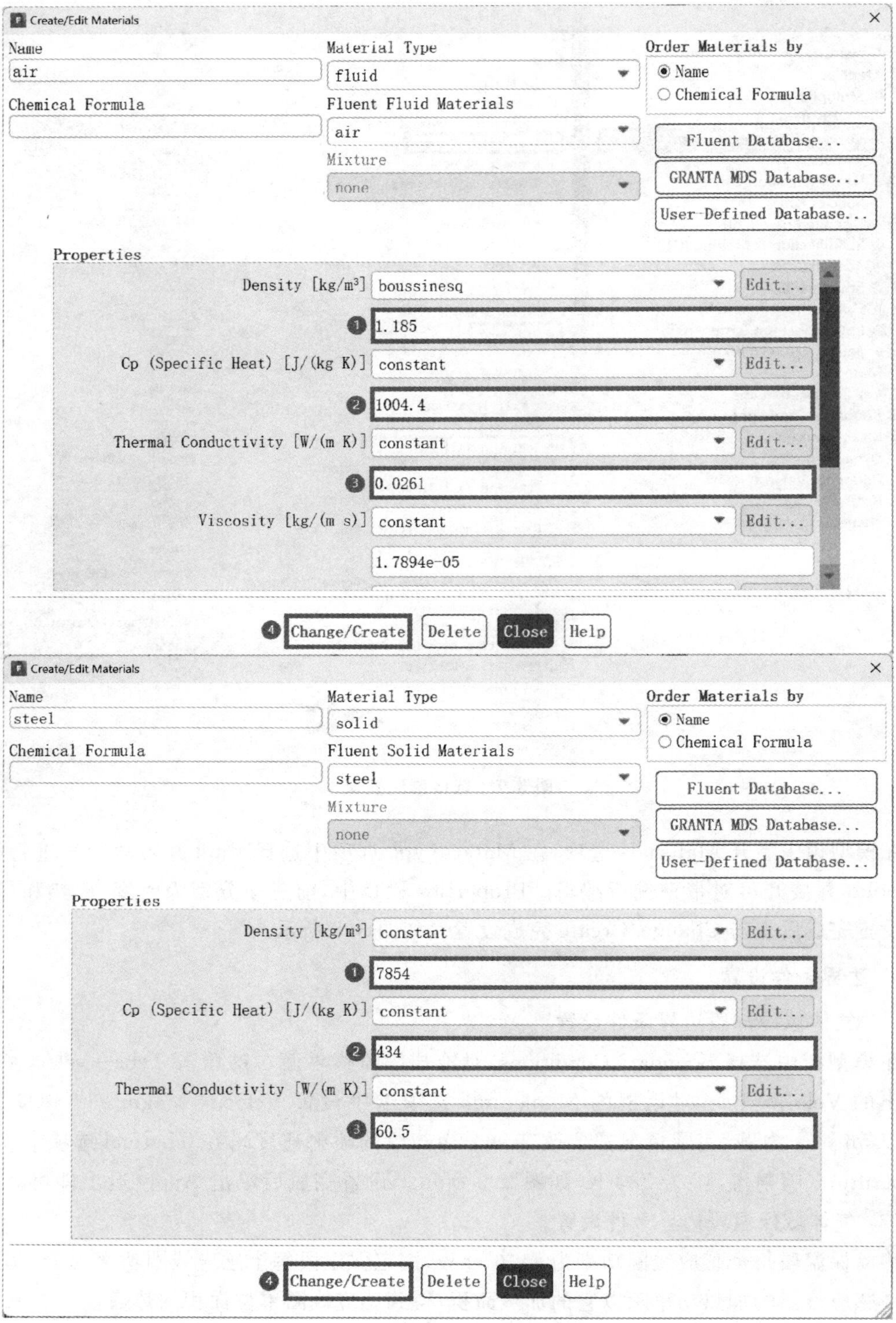
Create/Edit Materials
Name
air
Material Type
fluid
Order Materials by
Name
Chemical Formula
Chemical Formula
Fluent Fluid Materials
air
Mixture
none
Fluent Database...
GRANTA MDS Database...
User-Defined Database...
Properties
Density [kg/m3]
boussinesq
Edit...
1.185
Cp (Specific Heat) [J/(kg K)]
constant
1004.4
Thermal Conductivity [W/(m K)]
constant
0.0261
Viscosity [kg/(m s)]
constant
1.7894e-05
Change/Create
Delete
Close
Help
Create/Edit Materials
Name
steel
Material Type
solid
Order Materials by
Name
Chemical Formula
Chemical Formula
Fluent Solid Materials
steel
Mixture
none
Fluent Database...
GRANTA MDS Database...
User-Defined Database...
Properties
Density [kg/m3]
constant
Edit...
7854
Cp (Specific Heat) [J/(kg K)]
constant
434
Thermal Conductivity [W/(m K)]
constant
60.5
Change/Create
Delete
Close
Help

图 3.8 设置材料属性

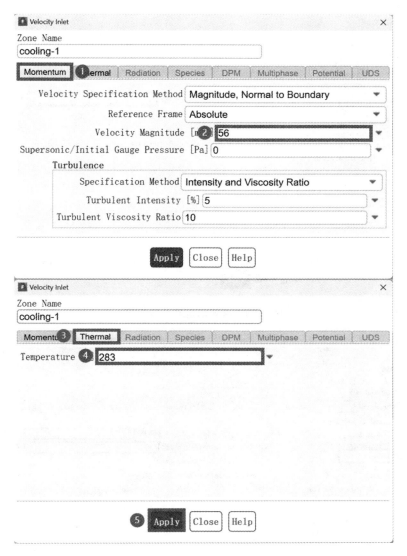

图 3.9 冷却段边界条件设置

通量),最后在 Heat Flux 文本输入框中填入计算得到的感应线圈单位面积的热通量,如图 3.10 所示。设置完成后单击 Apply 退出即可。

(3) 固体域边界条件设置。

在模型树中 Boundary Conditions 选项下找到要设置的带钢 z 方向侧面和顶部面,右键单击 type→Wall 进入壁面设置界面。单击 Thermal 选项卡,在 Thermal Conditions 中点选 Convection,在 Heat Transfer Coefficient(对流换热系数)文本框中输入常数 25,在 Free Stream Temperature(壁面温度)文本框中填写常数 730,如图 3.11 所示。设置完成后单击 Apply 退出即可。

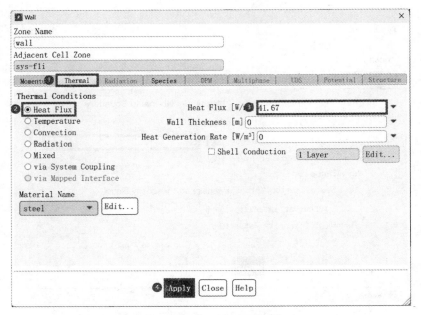

图 3.10 保温段边界条件设置

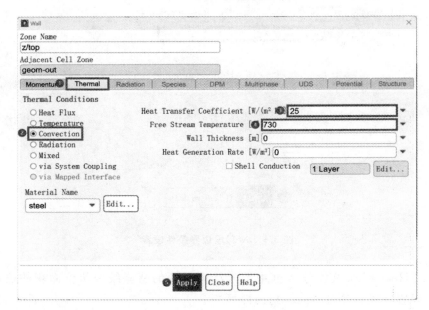

图 3.11 固体域边界条件设置

3.4 模拟结果分析

本节将对模拟结果进行分析,确定合金化炉保温段与冷却段交界处出现临界状态时的喷射速度。同时将以临界状态喷射速度作为冷却段喷嘴的喷射速度,设计立式合金化炉阶梯式喷射冷却模型,并说明阶梯式喷射冷却的节能效应。

3.4.1　立式合金化炉内流动临界状态的确定

图 3.12(a)～(e)为 v_1 分别为 40 m/s、55 m/s、56 m/s、57 m/s 和 60 m/s 时 XY 截面保

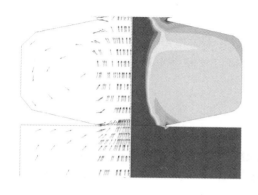

（a）喷射速度为40 m/s

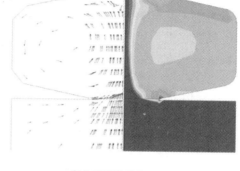

（b）喷射速度为55 m/s

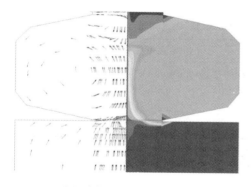

（c）喷射速度为56 m/s

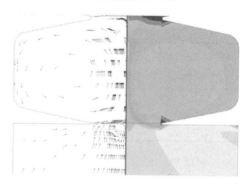

（d）喷射速度为57 m/s

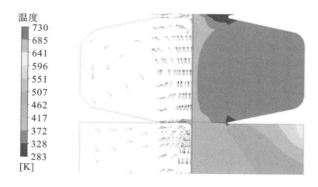

（e）喷射速度为60 m/s

图 3.12　不同喷射速度下 XOY 截面交界处速度矢量与温度云图

温段与冷却段交界处速度矢量图和温度云图。观察图3.12可发现:喷射速度较小(40 m/s)时,如图3.12(a)所示,冷却段喷射气流不足以抑制保温段的上升气流,上升热气流进入冷却段使冷却段,底部温度升高;增大喷射速度(55 m/s),如图3.12(b)所示,冷却气流的作用逐渐变强,使上升气流减少,冷却段底部温度升高的区域变小;增大喷射速度到接近56 m/s时,如图3.12(c)所示,冷却段喷射气流与保温段上升气流达到平衡,在交界处形成一个小的漩涡,热气流被抑制在保温段;继续增大喷射速度到接近57 m/s时,如图3.12(d)所示,喷射气流的作用会逐渐强于上升气流,交界处形成的漩涡会扩大,使保温段顶部温度开始降低;若继续增大气流喷射速度至60 m/s时,如图3.12(e)所示,喷射气流的作用会远远强于上升气流,大量喷射冷气流将进入保温段,使保温段温度降低。因此可以判断合金化炉保温段与冷却段交界处出现临界状态时的喷射速度为56 m/s。

3.4.2 阶梯式喷射冷却节能效应

在3.4.1节,已经确定合金化炉保温段与冷却段交界处出现临界状态时的喷射速度为56 m/s。本节将以56 m/s为冷却段1喷嘴的喷射速度,设计立式合金化炉阶梯式喷射冷却模型,工况设置如表3.2所示。用喷射冷却时的平均努塞尔数$\overline{Nu_c}$和带钢温度的变化来说明阶梯式喷射冷却的节能效应。

表3.2 合金化炉对比工况设置

冷却段总喷射速度 /(m/s)	等速喷射速度 v/(m/s)	阶梯式喷射速度		
		v_1/(m/s)	v_2/(m/s)	v_3/(m/s)
114	38	56	38	20
120	40	56	40	24
126	42	56	42	28

Nu是局部努塞尔数,它表示对流换热强烈程度的一个准数,其计算式为

$$Nu = \frac{hL}{K} \tag{3.6}$$

式中:h——对流换热系数;

K——流体的热传导率;

L——特征长度。

图3.13为总喷射速度为126 m/s时,钢板面中线处Nu的分布图。通过图3.13可以看出,阶梯式喷射冷却时,在冷却段底部Nu开始增加,冷却气流对钢板进行冷却;等速喷射冷却时,在冷却段底部,Nu减小,钢板仍被保温段上升的热气流加热,在冷却段较高位置处Nu开始增加,冷却气流对钢板进行冷却。

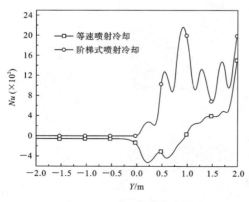

图3.13 不同工况下钢板中线Nu分布图

表3.3为合金化炉在工况下时的$\overline{Nu_c}$。观察

表 3.3 可以发现,在冷却段总喷射速度相同的情况下,阶梯式喷射冷却时的 $\overline{Nu_c}$ 大于等速喷射冷却时的 $\overline{Nu_c}$(喷射冷却 $\overline{Nu_c}$ 为等速喷射冷却 $\overline{Nu_c}$ 的 $111\%\sim118\%$),阶梯式喷射冷却对流换热程度更强,阶梯式喷射冷却具有更高的对流换热效果,这说明了阶梯式喷射冷却的节能效应。

表 3.3　合金化炉对比工况 $\overline{Nu_c}$

冷却段总喷射速度/(m/s)	等速喷射冷却 $\overline{Nu_c}$	阶梯式喷射冷却 $\overline{Nu_c}$
114	1136.76	1339.05
120	1204.21	1348.78
126	1245.37	1376.30

图 3.14(a)~(c)为冷却段总喷射速度相同时,阶梯式喷射冷却和等速喷射冷却带钢的 y 方向的温度分布。通过图 3.14 看出,等速喷射冷却时冷却段底部钢板温度继续升高;阶梯式喷射冷却时温度的升高被抑制在保温段与冷却段交界处,并且在冷却段出口时钢板达到了更低的温度。该结果可以证明阶梯式喷射冷却的节能效果。所以在实际应用时,可以通过减小阶梯式喷射冷却时后两排喷嘴的喷射速度,使其出口温度和等速喷射时冷却出口温度相同。在达到相同出口温度时,阶梯式喷射冷却所需流量较少。

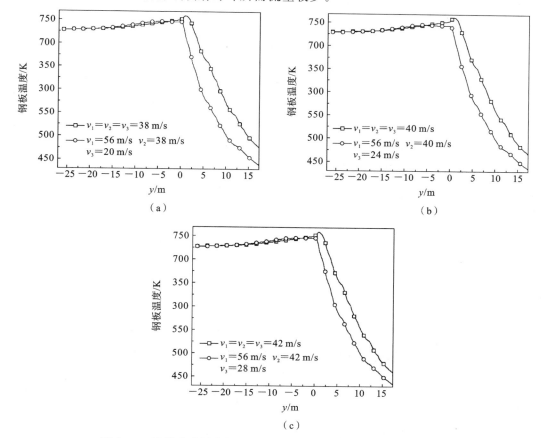

图 3.14　阶梯式喷射冷却和等速喷射冷却时带钢 y 方向温度分布

3.5　本章知识清单

热交换的现象在自然界中是普遍存在的,主要包括以下三种传热方式:

(1)热传导:在介质(流体或固体)中发生,由温度梯度引起,且与原子和分子振动或电子运动有关。

(2)热对流:流体流动导致的热量交换。

(3)热辐射:通过电磁波辐射产生的热量交换。

CFD模拟可以考虑所有的传热模式,包括热传导、对流、辐射、相间能量源(相变)、流-固耦合传热、黏性耗散、组分扩散等。为了模拟传热,需要激活能量方程。

在传热模型中,热对流是不可忽视的,本章实例中就存在着因保温段浮升力引起的自然对流与带钢的移动和冷却段喷射气流引起的强制对流间的相互作用而形成的复杂对流。简单来说,对流指的是流体内部由于各部分温度不同而形成的相对流动,即流体(气体或液体)通过自身各部分的宏观流动实现热量传递的过程,它是一种热传递与流体流动相耦合的现象。在 Ansys Fluent 中,当能量方程与流动方程同时激活时,就可以求解对流传热问题。

热对流主要分为两类,一类是自然对流,另一类是强制对流。

参与换热的流体由于各部分温度不均匀而形成密度差,从而在重力场或其他力场中产生浮升力,这种浮升力所引起的对流换热现象称为自然对流。所以在要处理的问题中存在自然对流现象时,我们需要考虑重力项。强制对流是指液体或气体在外力影响下所发生的对流。本章介绍的案例中带钢的移动和冷却段喷射气流引起了强制对流。

Ansys Fluent 软件采用两种不同的方法来模拟自然对流现象。一种是使用瞬态计算的方法,从初始的压力和温度计算封闭区域中的密度,得到封闭区域中初始条件下的质量。在随着时间步长进行迭代求解时,按照适当的方式保证该初始质量的守恒条件,这种方法适用于用户定义的计算区域中温差很大的情况。另一种是使用 Boussinesq 模型进行稳态计算的方法,其中需要用户设定一个恒定的密度,这样也就对用户定义的封闭域中流体的质量进行了设定,该方法只适用于用户定义的计算域中温差很小的情况。

本章参考文献

[1] 刘庄,吴肇基,吴景之,等.热处理过程的数值模拟[M].北京:科学出版社,1996.

[2] 马飞,强歆,于媛.金属材料热处理工艺与技术分析[J].粘接,2021,46(6):17-20.

[3] 孙中华,曹晓明,杜安,等.钢板热镀锌技术的研究现状与发展趋势[J].天津冶金,2005(6):15-18.

[4] 许汉萍.合金化热镀锌钢板冷却段温度场研究[D].武汉:武汉科技大学,2018.

［5］朱禹政. 热镀锌立式合金化炉阶梯式喷射冷却机理研究［D］. 武汉：武汉科技大学，2020.

［6］MEI D，ZHU Y，XU X，et al. Energy conservation and heat transfer enhancement for mixed convection on the vertical galvanizing furnace［J］. Thermal Science，2020，24（2）：1055-1065.

［7］MEI D，DUAN W，ZHU Y，et al. Heat transfer enhancement and application of multiple stepped jet cooling in a vertical alloying furnace［J］. International Journal of Thermal Sciences，2021，170：107183.

第4章 数值模拟技术在人体热舒适评价和调节中的应用

人可生存、适应的热环境并不一定使人感到舒适。在人类赖以生存的热环境范围内，只有一较小的范围可定义为热舒适区域。热环境会影响人的敏感性、警觉性、专注力，甚至可使人产生疲乏感和厌烦感，从而对体力劳动和脑力劳动的效率产生影响。所以提高工作者的热舒适度，可以降低湿热环境对工作者身心健康的威胁，是保证人员健康安全，提高工作效率的重要方面。人体热舒适的研究涉及建筑热物理、人体热调节机理生理学和心理学等学科。影响人体热舒适度的环境参数主要有空气温度、气流速度、空气的相对湿度和平均辐射温度；人的自身参数有衣服热阻和劳动强度。

4.1 应用需求分析

健康的人体通过自身的生理调节可以维持正常的生命活动，然而在矿井等极端热环境下，人体的自我调节能力无法应对热应力，人体生理失调、热平衡遭到破坏，可能出现中暑、热昏厥、热衰竭等症状。矿井工作人员长时间在高湿的井下作业，由于人体皮肤无法实现高湿的空气与人体自身的热量交换，人体散热量和产热量的平衡在高湿环境下持续被破坏，导致矿井工作人员易出现湿疹等皮肤疾病，严重者更会有呕吐、头晕、气短等症状。人体疲劳程度受环境温度和湿度的双重影响，随着温度和湿度的升高，矿工更易出现疲劳症状，极端热环境极大地增加了矿业生产安全隐患，威胁了从业人员的生命安全。

矿工的热舒适不仅与温度有关，还与空气湿度、风速、矿工服装等其他因素有关。在传统的热舒适评价中，大多数是通过实际测量来确定矿工的热舒适度的，这种方法存在较大的滞后性，无法快速、准确地通过监测数据对作业环境进行调整，进而改善矿工的热舒适性。而采用数值模拟的方法，分析模拟各因素对矿工热舒适的影响，有较好的预测性，可以更好地避免矿工不舒适感觉的产生。

4.2 井下工人热舒适客观评价方法

对高湿矿井中矿工热舒适进行客观评价主要包括两部分工作，首先分析潮湿巷道内热源和湿源，建立高湿巷道中热湿交换的数值模拟模型，预测巷道内温度、湿度和风速参数。再结合矿工的新陈代谢量、做功量、呼吸和皮肤散热量以及辐射、对流换热量，得到巷道潮湿环境中热舒适评价指标 HSI,通过 HSI 值的大小说明矿工的个体热舒适性。与热舒适主观评价方法相比较,客观评价模型可以对巷道内热环境热舒适性进行实时预测,从而实现潮湿巷道内热舒适性控制。热舒适预测模型原理如图 4.1 所示[1]。

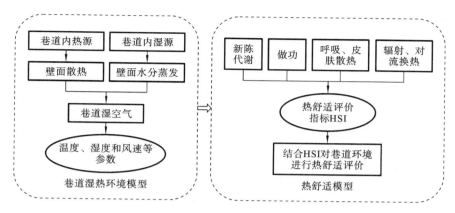

图 4.1　热舒适预测模型原理

4.2.1　人体热舒适模型

在一定的环境温度范围内,人体是一个具有复杂热调节系统并且温度基本维持恒定的热力学系统,人体热调节系统可以通过各种调节手段去维持体内温度的相对稳定,从而保证人类生命活动的正常进行。影响人体温度恒定的因素有人体的自身产热和与外界环境的热量交换[2]。

人体与环境之间的热交换主要有四种形式:辐射、传导、对流和蒸发。不管人体的生理活动多么复杂,从热力学的观点看,人与环境的热交换总是要遵循自然界的最基本法则——能量转换及守恒定律(热力学第一定律),即如果将人体看作一个系统,那么系统所获得的能量减去系统所失去的能量就应该等于系统的能量积累[3]。

矿工主要依靠自身肌体的产热以及与环境进行热交换来保持身体内部温度的平衡。由于肌体的行为调节和生理调节,即使矿工处于极端热环境中也能在短时间内保持肌体内部温度恒定。如果将矿工看作一个热力系统,矿工的热平衡符合热力学第一定律,即系统内部存储的能量等于系统获得的能量减去系统消耗的能量。当系统内部存储的能量等于 0 时,矿工肌体内部处于热平衡状态。图 4.2 是矿工肌体的热平衡图。

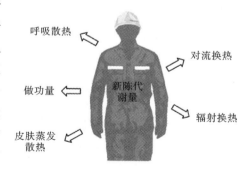

图 4.2　矿工肌体的热平衡

上述关系可以用人体的热平衡方程表达:

$$M-W-C-R-E=0 \tag{4.1}$$

式中:M——人体新陈代谢产生的能量,W/m²;

W——人体所做的机械功,W/m²;

C——人体通过对流换热的方式向周围环境散发的热量，W/m^2；

R——人体通过辐射换热的方式向周围环境散发的热量，W/m^2；

E——人体呼吸、皮肤表面液体蒸发以及排汗所散发的热量，W/m^2。

1. 对流与辐射换热

辐射热交换主要取决于物体间的温度差、有效辐射面积以及物体表面的反射特性和吸收特性。对流换热和辐射换热的计算公式如下：

$$C = f_{cl}h_{cv}(t_{cl} - t_a) \tag{4.2}$$

$$R = f_{cl}h_r(t_{cl} - t_{rd})R = f_{cl}h_r(t_{cl} - t_{rd}) \tag{4.3}$$

$$h_{cv} = 10.3v^{0.6} \tag{4.4}$$

$$h_r = 4\varepsilon\sigma\left(\frac{A_{rd}}{A_D}\right)\left[273.15 + \frac{(t_{cl} + t_{rd})}{2}\right]^3 \tag{4.5}$$

式中：C——人体通过对流换热的方式向周围环境散发的热量，W/m^2；

R——人体通过辐射换热的方式向周围环境散发的热量，W/m^2；

f_{cl}——衣服的表面换热系数，无量纲；

h_{cv}、h_r——表面对流换热系数、辐射换热系数，$W/(m^2 \cdot K)$；

t_a——空气温度，℃；

ε——平均人体表面积发热率；

σ——常数，5.67×10^{-8} $W/(m^2 \cdot K)$；

A_D——身体表面积，m^2；

A_{rd}——人体有效辐射表面积，m^2；

t_{cl}——衣服的外表面温度，℃；

t_{rd}——环境平均辐射温度，℃。

2. 人体表面蒸发散热

蒸发散热是人体与环境进行的另一种形式的热交换，它是人体通过汗液蒸发、利用相变向环境散发热量的方式。蒸发时，人体表面的水分由液态变为气态，因此，水的汽化潜热是造成人体蒸发散热的根源。人体表面蒸发散热的计算公式如下：

$$E = 0.0173M(5.87 - RHp_{as}) + 0.0014M(34 - t_a) + L_Rh_{cv}(0.06 + 0.94w_s)(p_{sb} - p_a)\eta_{cl} \tag{4.6}$$

式中：RH——相对湿度，%；

L_R——常数，井下环境取 16.5 ℃/kPa；

w_s——人体表面皮肤湿度，%；

p_{sb}——表面皮肤温度对应的水蒸气的饱和分压力，kPa；

p_a——空气中的水蒸气分压力，kPa；

η_{cl}——衣服热阻，clo。

3. 人体新陈代谢产生的热量

人体新陈代谢产生的热量可按下式计算：

$$M=352.2(0.23R_Q+0.77)V_{O2}/A_D M=352.2(0.23R_Q+0.77)V_{O2}/A_D \tag{4.7}$$

式中：M——人体新陈代谢产生的热量，W/m^2；

　　　R_Q——人体呼吸系数，即呼出的 CO_2 量与吸入的 O_2 量之比，一般取值为 $0.83\sim1.0$；

　　　V_{O2}——矿工所消耗氧气的量，按照标准状态计算，取值为 $0.8\sim1.5$ L/min。

4. 做功量

做功量可按下式计算：

$$W=\eta M \tag{4.8}$$

式中：η——做功量与人体新陈代谢产生的热量的比值，取值 $0\sim10\%$。

4.2.2　人体热感觉及评价指标

为直观地判断巷道湿热环境中矿工的热舒适度，引入热舒适评价指标这一概念。巷道湿热环境中常用的热舒适评价指标有：预测平均投票数和预测不满意百分指数（PMV-PPD）评价指标、湿黑球温度（WBGT）和热应力（HSI）指标，每种指标都有其针对性和适用范围。

各种热舒适评价指标有不同的侧重点，首先应从环境和自身两方面确定影响热舒适度的因素，进而确定合适的热舒适评价指标。PMV-PPD 热舒适评价指标适用于人体处于均匀的热环境中的情况，而高湿巷道中矿工多处于不稳定的非均匀热环境中，尤其是湿度梯度较大，故不宜用 PMV-PPD 指标来评价高湿巷道中矿工的热舒适性。WBGT 未考虑矿工自身因素对热舒适度的影响，仅仅反映巷道内热环境参数对矿工热舒适的影响，故不适用于评价湿热环境下矿工的热舒适性。HSI 是人体在具有潜在危险、不舒适的热环境中形成的强烈刺激，热应力的出现会使人体出现热过劳。健康的人体通过自身的生理调节可以维持正常的生命活动，当人体的自我调节能力无法应对热应力时，人体生理失调、热平衡遭到破坏，可能出现中暑、热昏厥、热衰竭等症状。故可用 HSI 来评价巷道极端湿热环境中矿工的热舒适性，HSI 计算公式如下：

$$HSI=100\times\frac{E_{req}}{E_{max}} \tag{4.9}$$

$$E_{req}=M-R-C-W \tag{4.10}$$

$$E_{max}=11.7\times v^{0.6}\times(56-Y) \tag{4.11}$$

式中：M——人体新陈代谢产生的能量，W/m^2；

　　　R——人体通过辐射换热的方式向周围环境散发的热量，W/m^2；

　　　C——人体通过对流换热的方式向周围环境散发的热量，W/m^2；

　　　v——矿井内空气的流速，m/s；

　　　Y——空气中水蒸气的分压力，10^2 Pa。

查阅相关资料，矿工头戴头盔，穿着薄衣裤，衣服热阻 $\eta_{cl}=0.093$ clo，衣服的表面换热系数 $f_{cl}=1.18$，人体新陈代谢产生的能量 $M=220$ W/m^2。将上述条件和潮湿巷道中环境参数代入式（4.2）～式（4.11）中，可得到热应力指标 HSI，即可利用 HSI 值对巷道环境进行热舒适评价。

表 4.1 反映了 HSI 与矿工肌体所受影响之间的关系。从表中可知,在潮湿高温巷道中热应力指标 HSI 的取值区间为 0～40,当矿工的 HSI 值长时间不在此范围内时,需要采取安全保护措施避免矿工肌体受到损伤。

表 4.1　HSI 与矿工肌体所受影响的关系表

HSI	矿工肌体所受影响
−20	肌体感觉微冷
−10	人员从高温环境中转移到舒适地点时,肌体感觉轻度冷感
0	无热力感产生
10～30	肌体感觉微热,脑力劳动者受到一定程度的影响,但体力劳动者不会受到任何影响
40～60	肌体感觉到热,脑力、体力劳动者都有不同程度的影响;身体素质不好的、不习惯该种环境下作业的人员应尽量避免此工况下作业
70～90	肌体感觉非常热,人体健康受到损坏,造成工作效率下降,只有小部分人群能适应该环境
100	人群所能忍受的最大热应力

4.3　基于数值模拟的井下工人热舒适评价

4.3.1　巷道几何模型的建立

建立某煤矿中一段掘进的高温独头巷道的几何模型,巷道的几何尺寸为:掘进巷道的长度 $L=50$ m,宽 $W=4.5$ m,采高 $H=4.5$ m,掘进断面的形状为正方形。掘进巷道采用压入式通风,风筒位于巷道侧壁 3.5 m 处,风筒直径 $\phi=1$ m,风筒长度 $l=15$ m。高温工作面位于模型的左侧,矿工距离工作面 $D=2$ m,用尺寸为 0.16 m×0.3 m×1.7 m 的长方体代表矿工人体模型。坐标原点位于高温工作面的左下顶点,x 轴代表宽度方向,y 轴代表长度方向,z 轴代表高度方向,如图 4.3 所示。

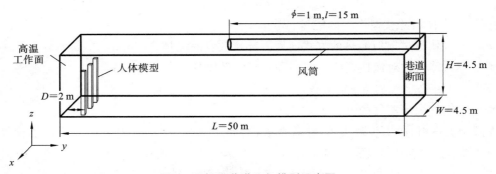

图 4.3　掘进巷道几何模型示意图

4.3.2　巷道中热湿交换数学物理模型

4.3.2.1　流动控制方程

模拟对象是巷道内流动的空气,以及潮湿壁面水分蒸发对空气湿度、温度的影响情况。首先对巷道内空气以及巷道壁面做如下假设:① 矿井内空气为不可压缩流体,且符合 Boussinesq 假设;② 流动为充分发展的稳态紊流,并假设流场内的紊流雷诺数很高,紊流黏性流体具有各向同性;③ 不考虑矿井岩石壁面间的辐射换热,矿井内空气为辐射透明介质;④ 假设壁面气密性好,风量在岩石壁面不可渗透。

矿井内部的流体流动需要遵守基本的守恒定律:质量守恒定律、动量守恒定律、能量守恒定律。

1. 连续性方程

连续性方程又称为质量守恒方程,表示在一定时间内流出控制体积的流体质量总和与同时间间隔内控制体积内流体因密度改变而减少的质量相等,所有流体运动必须遵循质量守恒定律。则有:

$$\frac{\partial(\rho u)}{\partial x}+\frac{\partial(\rho v)}{\partial y}+\frac{\partial(\rho w)}{\partial z}=0 \tag{4.12}$$

式中:ρ——矿井内流体密度,kg/m³;

　　x,y,z——坐标轴;

　　u,v,w——x,y,z 各轴上速度分量,m/s。

2. 动量守恒方程

动量守恒方程表示:对于任一流体微元,其动量对时间的变化率等于在该微元体上外界作用力的合力。巷道内流体在 x,y,z 三个方向的动量守恒方程为

$$\frac{\partial(\rho uu)}{\partial x}+\frac{\partial(\rho uv)}{\partial y}+\frac{\partial(\rho uw)}{\partial z}=\frac{\partial}{\partial x}\left[(\mu+\mu_t)\frac{\partial u}{\partial x}\right]+\frac{\partial}{\partial y}\left[(\mu+\mu_t)\frac{\partial u}{\partial y}\right]+\frac{\partial}{\partial z}\left[(\mu+\mu_t)\frac{\partial u}{\partial z}\right]-\frac{\partial p}{\partial x} \tag{4.13}$$

$$\frac{\partial(\rho vu)}{\partial x}+\frac{\partial(\rho vv)}{\partial y}+\frac{\partial(\rho vw)}{\partial z}=\frac{\partial}{\partial x}\left[(\mu+\mu_t)\frac{\partial v}{\partial x}\right]+\frac{\partial}{\partial y}\left[(\mu+\mu_t)\frac{\partial v}{\partial y}\right]+\frac{\partial}{\partial z}\left[(\mu+\mu_t)\frac{\partial v}{\partial z}\right]-\frac{\partial p}{\partial y} \tag{4.14}$$

$$\frac{\partial(\rho wu)}{\partial x}+\frac{\partial(\rho wv)}{\partial y}+\frac{\partial(\rho ww)}{\partial z} \tag{4.15}$$

$$=\frac{\partial}{\partial x}\left[(\mu+\mu_t)\frac{\partial w}{\partial x}\right]+\frac{\partial}{\partial y}\left[(\mu+\mu_t)\frac{\partial w}{\partial y}\right]+\frac{\partial}{\partial z}\left[(\mu+\mu_t)\frac{\partial w}{\partial z}\right]-\frac{\partial p}{\partial z}-\rho g$$

式中:μ——动力黏性系数,$\mu=1.92\times10^{-5}$ Pa·s;

　　μ_t——紊流黏性系数;

　　p——流体压力,Pa。

3. 能量守恒方程

矿井岩石壁面与空气流体之间的热量交换遵从能量守恒定律,它表示巷道空气流体微元

中增加的能量等于流入空气流体的净热流通量。则有：

$$\frac{\partial(\rho u T)}{\partial x}+\frac{\partial(\rho v T)}{\partial y}+\frac{\partial(\rho w T)}{\partial z}=\frac{\partial}{\partial x}\left[\left(\frac{k_{\text{eff}}}{C_p}+\frac{\mu_t}{\sigma_T}\right)\frac{\partial T}{\partial x}\right]$$
$$+\frac{\partial}{\partial y}\left[\left(\frac{k_{\text{eff}}}{C_p}+\frac{\mu_t}{\sigma_T}\right)\frac{\partial T}{\partial y}\right]+\frac{\partial}{\partial z}\left[\left(\frac{k_{\text{eff}}}{C_p}+\frac{\mu_t}{\sigma_T}\right)\frac{\partial T}{\partial z}\right] \tag{4.16}$$

式中：C_p——巷道内空气的比热容，J/(kg·K)；

  σ_T——常数，取值范围为 0.9～1.0；

  k_{eff}——巷道潮湿壁面与空气的总传热系数，W/(m²·K)，其表达式为

$$k_{\text{eff}}=k+\frac{Q_d}{T_H} \tag{4.17}$$

式中：k——潮湿壁面与空气的显热传热系数，W/(m²·K)；

  $\dfrac{Q_d}{T_H}$——潮湿壁面由于水分蒸发与空气的潜热传热系数，W/(m²·K)。

水蒸气在巷道内的组分控制方程为

$$\frac{\partial(\rho u q_d)}{\partial x}+\frac{\partial(\rho v q_d)}{\partial y}+\frac{\partial(\rho w q_d)}{\partial z}=\frac{\partial}{\partial x}\left(d\,\frac{\partial\rho q_d}{\partial x}\right)+\frac{\partial}{\partial y}\left(d\,\frac{\partial\rho q_d}{\partial y}\right)+\frac{\partial}{\partial z}\left(d\,\frac{\partial\rho q_d}{\partial z}\right)+S_m$$
$$\tag{4.18}$$

式中：q_d——水蒸气的质量分数；

  S_m——液滴质量源相，kg/(m³·s)，其定义式为

$$S_m=\frac{m_d}{\partial xyz} \tag{4.19}$$

在计算过程中，除了要建立上述守恒方程以外，还要建立湍流脉动动能方程和湍流脉动动能耗散率方程。

湍流脉动动能方程（k 方程）：

$$\frac{\partial(\rho u k)}{\partial x}+\frac{\partial(\rho v k)}{\partial y}+\frac{\partial(\rho w k)}{\partial z}$$
$$=\frac{\partial}{\partial x}\left[\alpha_k(\mu+\mu_t)\frac{\partial k}{\partial x}\right]+\frac{\partial}{\partial y}\left[\alpha_k(\mu+\mu_t)\frac{\partial k}{\partial y}\right]+\frac{\partial}{\partial z}\left[\alpha_k(\mu+\mu_t)\frac{\partial k}{\partial z}\right]+G_k+\rho\varepsilon \tag{4.20}$$

湍流脉动动能耗散率方程（ε 方程）：

$$\frac{\partial(\rho w\varepsilon)}{\partial z}=\frac{\partial}{\partial x}\left[\alpha_\varepsilon(\mu+\mu_t)\frac{\partial\varepsilon}{\partial x}\right]+\frac{\partial}{\partial y}\left[\alpha_\varepsilon(\mu+\mu_t)\frac{\partial\varepsilon}{\partial y}\right]$$
$$+\frac{\partial}{\partial z}\left[\alpha_\varepsilon(\mu+\mu_t)\frac{\partial\varepsilon}{\partial z}\right]+\frac{\varepsilon}{k}(C_{1\varepsilon}^* G_k-C_{2\varepsilon}\varepsilon) \tag{4.21}$$

式中：

$$G_k=\mu_t\left\{2\left[\left(\frac{\partial u}{\partial x}\right)^2+\left(\frac{\partial v}{\partial y}\right)^2+\left(\frac{\partial w}{\partial z}\right)^2\right]+\left(\frac{\partial u}{\partial y}+\frac{\partial v}{\partial x}\right)^2+\left(\frac{\partial u}{\partial z}+\frac{\partial w}{\partial x}\right)^2+\left(\frac{\partial v}{\partial z}+\frac{\partial w}{\partial y}\right)^2\right\}$$
$$\tag{4.22}$$

$$\mu_t=\rho C_\mu\frac{k^2}{\varepsilon} \tag{4.23}$$

$$C_{1\varepsilon}^* = C_{1\varepsilon} - \frac{\eta(1 - \eta/\eta_0)}{1 + \beta\eta^3} \tag{4.24}$$

$$\eta = \left[2\left(\frac{\partial u}{\partial x} + \frac{\partial v}{\partial x} + \frac{\partial w}{\partial x} + \frac{\partial u}{\partial y} + \frac{\partial v}{\partial y} + \frac{\partial w}{\partial y} + \frac{\partial u}{\partial z} + \frac{\partial v}{\partial z} + \frac{\partial w}{\partial z} \right)^2 \right]^{\frac{1}{2}} \frac{k}{\varepsilon} \tag{4.25}$$

式中：$C_{1\varepsilon} = 1.42$，$C_\mu = 0.0854$，$\alpha_k = \alpha_\varepsilon = 1.39$，$\eta_0 = 4.377$，$\beta = 0.012$。

4.3.2.2　巷道壁面与空气的热湿交换数学物理方程

井巷环境中导致空气温度升高的因素有围岩散热、热水散热、风流的自压缩热、机电设备放热以及运输过程中煤炭或其他有机物、氧化物放热等，但最主要的因素是围岩散热。此外，由于巷道壁面经常会发生渗水的状况，因此围岩与巷道内空气进行热交换的同时伴随着湿量交换和潜热量交换。巷道内空气与壁面传质、传热示意图如图 4.4 所示。

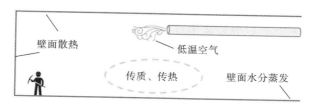

图 4.4　巷道内空气与壁面传质、传热示意图

1. 巷道壁面与空气对流换热

围岩与巷道内空气之间的热量交换是一个复杂的不稳定的传热过程。当围岩的温度高于空气温度时，围岩散发的热量通过对流换热的方式传递给空气。围岩向空气散发的热量首先取决于壁面温度与空气间的温度差，同时也取决于围岩与空气间的对流换热系数。根据热力学原理，一般情况下围岩与空气之间的对流换热量计算公式如下：

$$q_w = \alpha(T_w - T_a) \tag{4.26}$$

式中：q_w——围岩与壁面的对流换热热流密度，W/m^2；

α——对流换热系数，$W/(m^2 \cdot K)$；

T_w——巷道壁面温度，$^\circ C$；

T_a——巷道内空气温度，$^\circ C$。

当巷道壁面潮湿时，在壁面与空气进行对流换热的同时，潮湿壁面的水分以蒸发的方式向空气进行放热。从围岩放出的一部分热量以水蒸发的潜热形式被消耗，另一部分热量用于升高空气的温度，因此围岩的散热量不仅要考虑与空气的对流换热作用，还要考虑与空气的对流传质作用。

2. 巷道壁面与空气对流传质

当干空气或者未饱和的空气流经潮湿壁面时，由于潮湿壁面与空气之间存在温度差，空气和潮湿的壁面就会发生质量与能量的传递，这个过程就是巷道壁面和空气之间的对流传质过程。

当潮湿壁面的水和巷道内空气直接接触时，由于水分子不规则的热运动，在贴近潮湿壁面附近会形成一个饱和空气边界层。在饱和空气边界层周围,不时有一部分水蒸气分子穿过边界层进入未饱和空气中,还有一部分水蒸气分子从未饱和空气穿过边界层返回到水中。如果边界层内水蒸气分子表面分压力大于未饱和空气里的水蒸气表面分压力,那么穿过边界层流入未饱和空气中的水蒸气分子数将大于流入水中的水蒸气分子数,这个过程称为蒸发过程;反之,则称为凝结过程。

影响潮湿壁面水分蒸发量的主要因素有潮湿壁面与空气的温度差、未饱和空气的湿度、空气的流速等。一般情况下,空气的流速越大、湿度越小,壁面水蒸发的量越大。水蒸气分子表面蒸汽压与未饱和空气中的压力差值越大,水蒸气分子在空气中的蒸发速率越大。

如图4.5所示,液滴在巷道内迁移蒸发的过程中,随着时间的推移,其温度不断上升,液滴粒径逐渐减小,直至液滴完全转化为水蒸气,蒸发过程结束。然而,在液滴蒸发的过程中,随着温度的升高,液滴表面蒸汽压会有大幅度的增加,液滴蒸发速率会随之减小,从而影响水蒸气在空间内的分布。而在以往的计算方法中,没有考虑液滴表面蒸汽压变化带来的影响,通常将液滴表面蒸汽压设为定值,从而导致空间内湿度计算误差较大。基于此问题,提出一种修正液滴表面蒸汽压的湿度计算方法,用于模拟计算巷道内湿度分布,见式(4.27),修正液滴表面蒸汽压湿度计算方法的模拟计算过程如图4.6所示。

$$p_{\text{vap,d}} = \exp\left[77.34 - \left(\frac{7235}{T_d}\right) - 8.2\ln T_d + 0.005711 T_d\right] \tag{4.27}$$

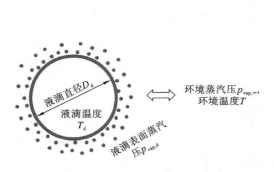

图 4.5　液滴迁移过程中蒸发示意图

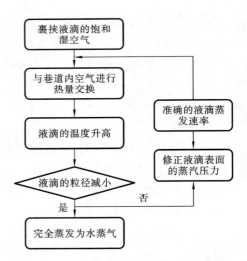

图 4.6　巷道壁面水蒸发的模拟过程

4.3.2.3　控制方程组无量纲化

无量纲化是指找到一个合适的变量,将涉及物理量的部分方程或者全部单位移除,使模型所描述的问题不受量纲的影响,从而能更加直接地分析问题的客观规律。本小节对潮湿巷道传质、传热的控制方程和边界条件进行无量纲化。

选取特征变量巷道当量直径 D_e、风筒直径 ϕ、送风速度 v_0 和温度 $\Delta t = T_H - T_C$,对方程中的变量做无量纲化处理：

$$(X,Y,Z)=\frac{(x,y,z)}{D_e} \tag{4.28}$$

$$(U,V,W)=\frac{(u,v,w)}{v_0} \tag{4.29}$$

$$P=\frac{p}{(\rho v_0^2)} \tag{4.30}$$

$$K=\frac{k}{u_0^2} \tag{4.31}$$

$$E=\frac{\varepsilon D_e}{v_0^3} \tag{4.32}$$

$$v_{tn}=\frac{\nu_t}{D_e v_0} \tag{4.33}$$

$$G_k^*=\frac{G_k D_e}{\rho v_0^3} \tag{4.34}$$

式中：(X,Y,Z)——笛卡儿坐标；

(U,V,W)——x、y 和 z 方向上的速度分量；

P、θ、K、E、v_{tn}——无量纲量，K 是无量纲湍流动能，E 是无量纲耗散率，v_{tn} 是无量纲湍流黏度，$v_{tn}=(ReC_\mu K^2)/E$；

ν_t——无量纲运动黏性系数，即湍流黏度与密度的比值，$\nu_t=\mu/\rho$。

将上述各式代入控制方程后，即可得到无量纲化的控制方程。

（1）无量纲连续性方程

$$\frac{\partial U}{\partial X}+\frac{\partial V}{\partial Y}+\frac{\partial W}{\partial Z}=0 \tag{4.35}$$

（2）无量纲动量方程

$$U\frac{\partial U}{\partial X}+U\frac{\partial V}{\partial Y}+U\frac{\partial W}{\partial Z}=\frac{1}{Re}(1+v_{tn})\left(\frac{\partial^2 U}{\partial X^2}+\frac{\partial^2 U}{\partial Y^2}+\frac{\partial^2 U}{\partial Z^2}\right)-\frac{\partial P}{\partial X} \tag{4.36}$$

$$V\frac{\partial U}{\partial X}+V\frac{\partial V}{\partial Y}+V\frac{\partial W}{\partial Z}=\frac{1}{Re}(1+v_{tn})\left(\frac{\partial^2 V}{\partial X^2}+\frac{\partial^2 V}{\partial Y^2}+\frac{\partial^2 V}{\partial Z^2}\right)-\frac{\partial P}{\partial Y} \tag{4.37}$$

$$W\frac{\partial U}{\partial X}+W\frac{\partial V}{\partial Y}+W\frac{\partial W}{\partial Z}=\frac{1}{Re}(1+v_{tn})\left(\frac{\partial^2 W}{\partial X^2}+\frac{\partial^2 W}{\partial Y^2}+\frac{\partial^2 W}{\partial Z^2}\right)-\frac{\partial P}{\partial Z}+\frac{Gr}{Re^2}\theta$$

$$\tag{4.38}$$

（3）无量纲能量方程

$$U\frac{\partial \theta}{\partial X}+V\frac{\partial \theta}{\partial Y}+W\frac{\partial \theta}{\partial Z}=\frac{1}{Re}\left(\frac{1}{Pr}+\frac{v_{tn}}{\sigma_T}\right)\left(\frac{\partial^2 \theta}{\partial X^2}+\frac{\partial^2 \theta}{\partial Y^2}+\frac{\partial^2 \theta}{\partial Z^2}\right) \tag{4.39}$$

（4）无量纲湍动能 k 方程

$$U\frac{\partial K}{\partial X}+V\frac{\partial K}{\partial Y}+W\frac{\partial K}{\partial Z}=\frac{1}{Re}\left[\alpha_k(1+v_{tn})\right]\left(\frac{\partial^2 K}{\partial X^2}+\frac{\partial^2 K}{\partial Y^2}+\frac{\partial^2 K}{\partial Z^2}\right)+G_k^*-E$$

$$\tag{4.40}$$

（5）无量纲耗散率 ε 方程

$$U\frac{\partial E}{\partial X}+V\frac{\partial E}{\partial Y}+W\frac{\partial E}{\partial Z}=\frac{1}{Re}\left[\alpha_\varepsilon(1+v_{tn})\right]\left(\frac{\partial^2 E}{\partial X^2}+\frac{\partial^2 E}{\partial Y^2}+\frac{\partial^2 E}{\partial Z^2}\right)+\frac{C_{1\varepsilon}}{K}G_k^*-C_{2\varepsilon}\frac{E^2}{K} \quad (4.41)$$

从无量纲化方程和边界条件可以看出，潮湿巷道传质传热模型中的控制参数为雷诺数（Re）、格拉晓夫数（Gr）和普朗特数（Pr）。Re 是用以判别黏性流体流动状态的一个无因次数群；Gr 是流体动力学和热传递中的无量纲数，其近似为作用在流体上的浮力与黏性力的比率；Pr 是表示流体中能量和动量迁移过程相互影响的无因次组合数，表明温度边界层和流动边界层的关系。

$$Re=\frac{\rho v_0 \phi^2}{\mu D_e} \quad (4.42)$$

$$Gr=\frac{\rho^2 g\beta\Delta t D_e^3}{\mu^2} \quad (4.43)$$

$$Pr=\frac{\mu C_p}{k_{eff}}=\frac{\mu C_p}{k+\dfrac{Q_d}{T_H}}=\frac{\mu C_p}{k+\dfrac{fh_{fg}m_d}{T_H}} \quad (4.44)$$

根据井下实际气候环境资料[4]，选择合适的物理参数值，设计不同 Pr、Re 和 Gr 下模拟计算工况（如表4.2至表4.4所示），分析得出 Pr、Re 和 Gr 与 HSI 值之间存在的关系。

表 4.2　不同 Pr 下模拟计算工况

工况	巷道内空气温度/℃	巷道内空气相对湿度/(%)	壁面潮湿系数 f	风筒送风速度/(m/s)	风筒送风温度/℃	Pr
1	34	90	1	3	24	0.51
2	34	80	0.8	3	24	0.58
3	34	70	0.6	3	24	0.67
4	34	60	0.4	3	24	0.86
5	34	50	0.2	3	24	0.98
6	34	40	0.2	3	24	1.12
7	34	30	0.2	3	24	1.27

表 4.3　不同 Re 下模拟计算工况

工况	巷道内空气温度/℃	巷道内空气相对湿度/(%)	壁面潮湿系数 f	风筒送风速度/(m/s)	风筒送风温度/℃	Re
1	34	75	0.5	1	24	3.02×10^5
2	34	75	0.5	2	24	6.05×10^5
3	34	75	0.5	3	24	9.07×10^5
4	34	75	0.5	4	24	1.21×10^6
5	34	75	0.5	5	24	1.51×10^6

表 4.4　不同 Gr 下模拟计算工况

工况	巷道内空气温度/℃	巷道内空气相对湿度/(%)	壁面潮湿系数 f	风筒送风速度/(m/s)	风筒送风温度/℃	Pr
1	34	90	1	3	32	4.19×10^{11}
2	34	80	0.8	3	30	3.35×10^{11}
3	34	70	0.6	3	28	2.51×10^{11}
4	34	60	0.4	3	26	1.67×10^{11}
5	34	50	0.2	3	24	8.37×10^{10}

4.3.3　边界条件设置

潮湿巷道传质、传热的无量纲化边界条件如下。

（1）风筒入口面,速度入口$((X-\phi/2D_e)^2+(Y-H/D_e+\phi/2D_e)^2 \leqslant \Phi^2/4D_e^2, Z=L/D_e)$:

$$U=W=0, \quad V=1, \quad \theta=0 \tag{4.45}$$

（2）巷道断面出口,压力出口$(0 \leqslant X \leqslant W/D_e, 0 \leqslant Y \leqslant H/D_e, Z=L/D_e)$:

$$U=V=W=v_1/v_0, \quad \theta=T_1/(T_H-T_C) \tag{4.46}$$

（3）高温工作面,无滑移壁面$(0 \leqslant X \leqslant W/D_e, 0 \leqslant Y \leqslant H/D_e, Z=0)$:

$$U=V=W=0, \quad \frac{\partial \theta}{\partial Y}=\lambda \frac{k_{eff}(T_H-T_1)D_e}{T_H-T_C} \tag{4.47}$$

（4）顶部壁面,无滑移壁面$(0 \leqslant x \leqslant W/D_e, y=H/D_e, 0 \leqslant z \leqslant L/D_e)$:

$$U=V=W=0, \quad \frac{\partial \theta}{\partial Y}=\lambda \frac{k_{eff}(T_H-T_1)D_e}{T_H-T_C} \tag{4.48}$$

（5）底部壁面,无滑移壁面$(0 \leqslant x \leqslant W/D_e, y=0, 0 \leqslant z \leqslant L/D_e)$:

$$U=V=W=0, \quad \frac{\partial \theta}{\partial Z}=-\lambda \frac{k_{eff}(T_H-T_1)D_e}{T_H-T_C} \tag{4.49}$$

（6）左侧壁面,无滑移壁面$(x=0, 0 \leqslant y \leqslant H/D_e, 0 \leqslant z \leqslant L/D_e)$:

$$U=V=W=0, \quad \frac{\partial \theta}{\partial X}=\lambda \frac{k_{eff}(T_H-T_1)D_e}{T_H-T_C} \tag{4.50}$$

（7）右侧壁面,无滑移壁面$(x=W/D_e, 0 \leqslant y \leqslant H/D_e, 0 \leqslant z \leqslant L/D_e)$:

$$U=V=W=0, \quad \frac{\partial \theta}{\partial X}=-\lambda \frac{k_{eff}(T_H-T_1)D_e}{T_H-T_C} \tag{4.51}$$

4.3.4　巷道表面液滴蒸发数值模拟的关键步骤

应用 Ansys Fluent 进行数值模拟,以下为液滴表面蒸汽压修正的操作步骤:

（1）开启组分传递（见图 4.7）。
（2）设置离散相模型（见图 4.8）。

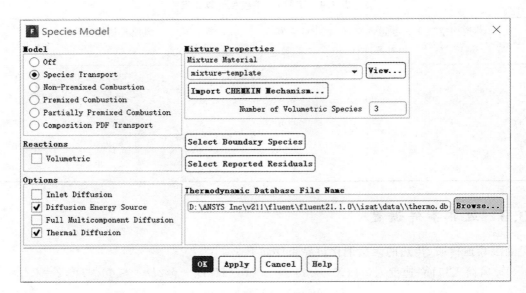

图 4.7　组分传递

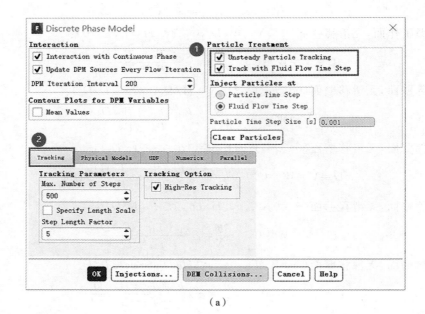

（a）

图 4.8　离散相模型设置

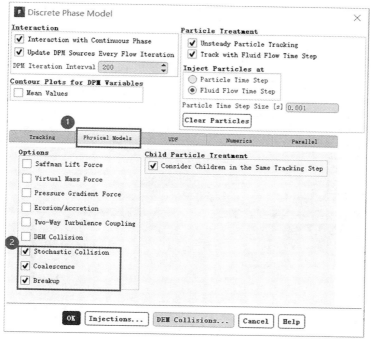

（b）

（c）

续图 4.8

（3）设置喷射源（见图 4.9）。液滴初始粒径为 $20~\mu m$，初始温度为 $300~\mathrm{K}$，散发量为 $10^{-10}~\mathrm{kg/s}$。

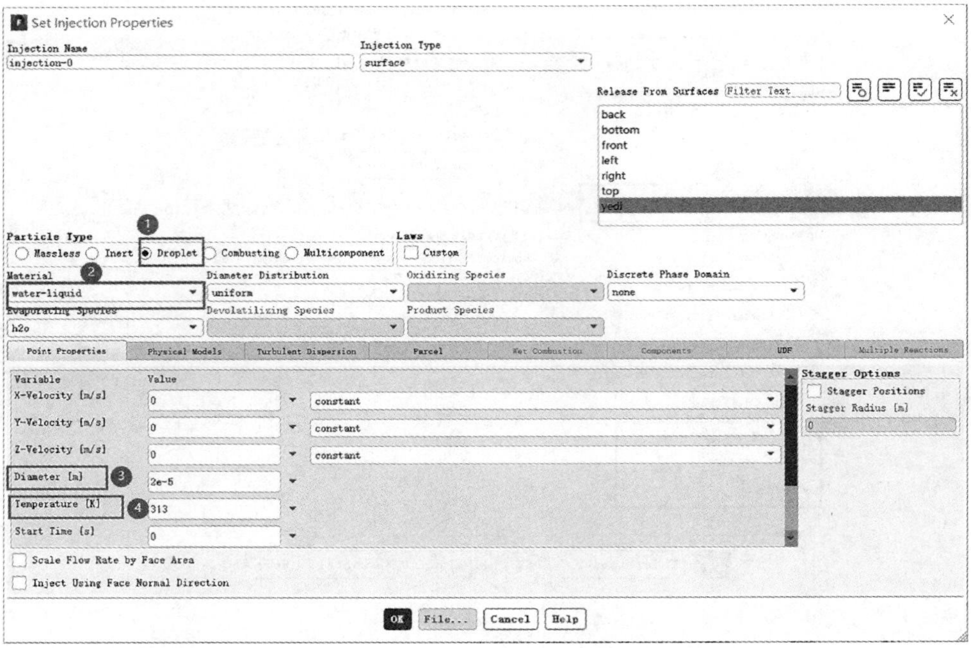

（a）

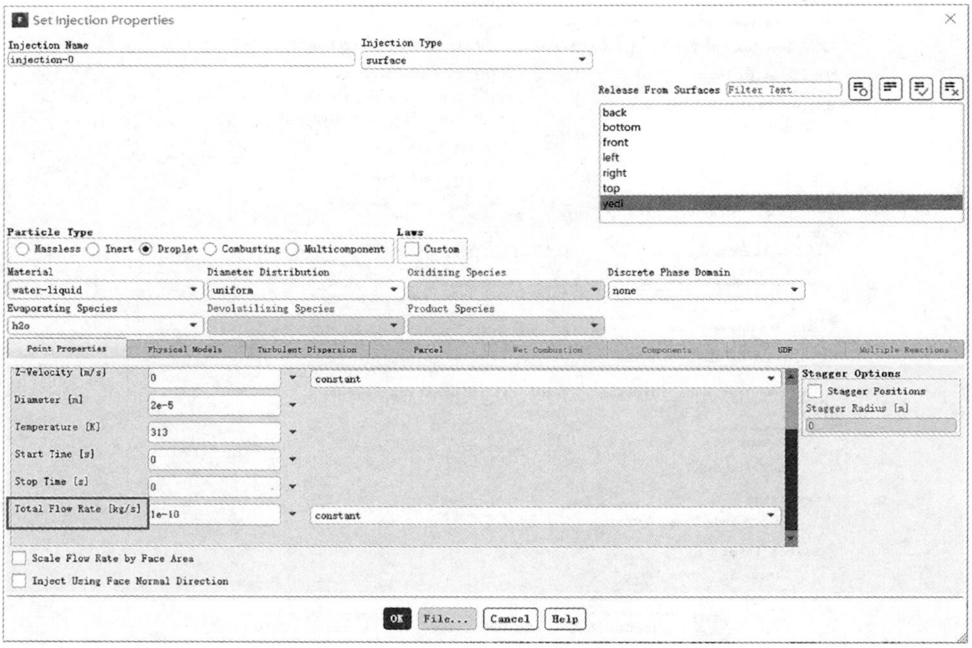

（b）

图 4.9 喷射源属性设置

（4）导入 UDF 文件（见图 4.10）。

（a）

（b）

图 4.10　导入 UDF 文件

（5）采用 UDF 加载压力拟合方程对液滴表面的饱和蒸汽压进行修正（见图 4.11）。

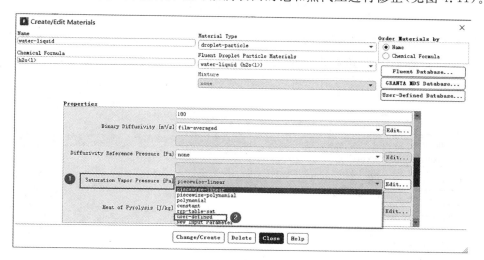

图 4.11　修正液滴表面饱和蒸汽压

　　液滴颗粒离散相边界条件设置：液滴从高温工作面和其他壁面散发出来，高温工作面和其他壁面设置为反射，即当液滴运动到该边界时，液滴将被反弹，继续在巷道内迁移扩散。风筒进风口和巷道断面出口设置为逃逸，即当液滴运动到进风口和出口时，液滴可穿过此类界面逃逸，液滴的颗粒追踪停止。矿工人体模型和风筒外表面设置为捕集，当液滴运动到该界面时，液滴被捕获，液滴颗粒追踪也立即停止。

液滴散发面边界条件类型选择速度入口,散发速度为 1 m/s。液滴初始粒径为 20 μm,初始温度为 300 K,散发量为 10^{-10} kg/s。采用离散相模型,追踪液滴在方腔内运动轨迹。方腔内空气初始温度设为 313 K,初始相对湿度为 0。方腔壁面为无滑移壁面,壁面温度设为恒温 313 K,绝热边界条件,即方腔内部空气与方腔壁面无热量交换。

边界条件的设置如下:

(1) 创建水蒸气材料(见图4.12)。

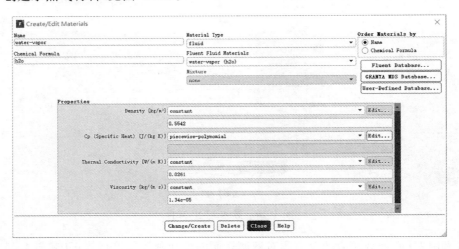

图 4.12　创建水蒸气材料

(2) 分别对壁面进行边界条件设置。方腔壁面为静止状态,无滑移壁面,壁面温度设为恒温 313 K,绝热边界条件,即方腔内部空气与方腔壁面无热量交换(见图4.13)。

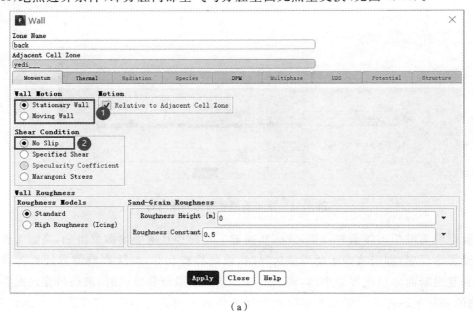

(a)

图 4.13　壁面设置

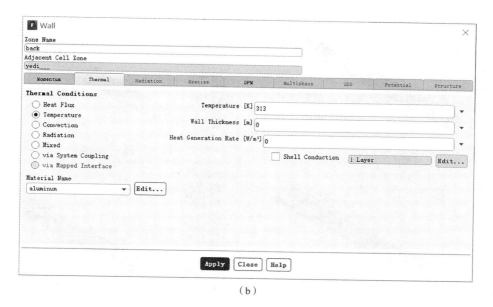

（b）

续图 4.13

4.4　模拟结果评价分析

4.4.1　Pr 对矿工热舒适的影响

Pr 是表示流体中能量和动量迁移过程相互影响的无量纲参数,反映能量输运和动量输运过程的相互关系[5]。研究 Pr 对巷道环境热舒适的影响,先给定 $Re=9.07\times10^5$、$Gr=8.37\times10^{10}$,通过前章节高湿巷道内传热传质计算模型热舒适指标 HSI 的计算公式,计算得到 HSI 值随 Pr 的变化规律。

图 4.14(a)~(d)分别为在 $Pr=0.51\sim Pr=1.27$ 时,矿工活动空间($2(X-2.25)+2(Y-1)\leqslant4,0\leqslant Z\leqslant50$)上的热舒适度分布云图。从图 4.14(a)可以看出,受强制对流的影响,巷道中段空间内矿工的热舒适度较好,HSI 的平均值约为 15,说明在巷道中段矿工仅感觉微热,进行体力劳动时肌体不会受到热害侵袭。而在工作面附近和风筒出风口背面的位置,由于对流换热强度较弱,矿工的热舒适度较差,部分区域的 HSI 值超过 40,此时矿工感觉热,身体素质较差的矿工不适宜在此位置工作。

比较不同 Pr 流体工况下巷道内 HSI 数值可以发现,在强制对流较强的巷道中段位置,当流体 Pr 由 0.51 增加至 1.27,在矿工活动面上 HSI 值低于 20 的面积占比由 87.46% 增至 90.25%,增长率为 3.19%;而在高温工作面附近和风筒出风口背面的位置,当流体 Pr 由 0.51 增加至 1.27,在矿工活动面上 HSI 值低于 40 的面积占比由 71.53% 增至 90.80%,增长率为 26.94%。说明相较于在强制对流较强的位置,在强制对流较弱的位置处,流体 Pr 对热舒适

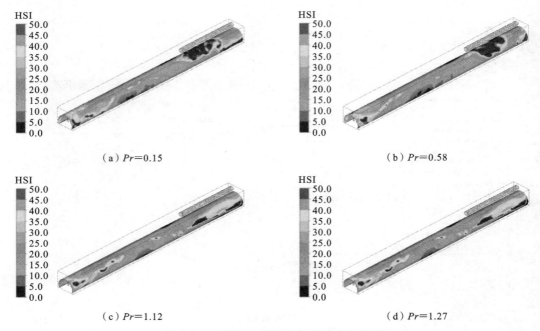

（a）$Pr=0.15$ 　　　　　　　　　　　　（b）$Pr=0.58$

（c）$Pr=1.12$ 　　　　　　　　　　　　（d）$Pr=1.27$

图 4.14　不同 Pr 下巷道内 HSI 分布云图

的影响较强。其原因是，在强制对流较弱的位置处，流体的流动主要受热浮升力的影响，随着 Pr 的增加，流体所受的浮升力逐渐减小，流体的换热强度增强，巷道空间内 HSI 值减小。

　　图 4.15 为流体 $Pr=0.51$，在高温工作面附近（$y=2\ \text{m}$）矿工热舒适度图。可以看出整个巷道在垂直空间内热舒适度存在较大的差异，具体表现为：随着高度的增加，HSI 的值由 11.5 增加到 50.0。矿工头部的 HSI 值为 42.3，感觉较热；腰部的 HSI 值为 26.9，感觉微热；而脚踝处 HSI 值为 11.5，无热力感产生。

图 4.15　高温工作面附近（$y=2\ \text{m}$）矿工的热舒适度图

　　因此,在分析不同 Pr 流体对矿工热舒适性的影响时,需要对矿工的头部、腰部和脚踝处的热舒适度分别进行分析。图 4.16 是矿工不同身体部位的热舒适度随 Pr 增大的变化规律。可以发现,矿工热舒适度随 Pr 变化趋势类似于正弦曲线变化。头部 HSI 值变化周期为 0.7,腰部和脚踝处 HSI 值变化周期为 0.55,说明腰部和脚踝处对 Pr 带来的影响反应更为灵敏。其原因是,在强制对流较弱的腰部和脚踝处,Pr 对 HSI 值的影响作用较强,使得腰部和脚踝处 HSI 的变化周期更短。

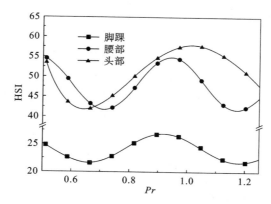

图 4.16　矿工不同身体位置随 Pr 增加的变化规律

　　当 $0.5 \leqslant Pr \leqslant 0.9$ 时,矿工头部、腰部和脚踝处 HSI 值 Pr 增加均呈现先减小后增大的变化规律,头部 HSI 的值由 55 减小至 42.5 再增大至 56;腰部 HSI 的值由 55 减小至 42 再增大至 54;脚踝处 HSI 值由 25 减小至 22.5 再增大至 26。呈现如此变化规律的原因是,当 $0.5 \leqslant Pr \leqslant 0.7$ 时,巷道中对流起主导作用,随着流体 Pr 的增加,换热强度增强,矿工头部、腰部和脚踝处 HSI 值减小。当 $0.7 \leqslant Pr \leqslant 0.9$ 时,巷道中蒸发起主导作用,随着流体 Pr 增加,壁面水蒸发量变多,矿工身体的 HSI 值增大。

　　当流体 $0.9 \leqslant Pr \leqslant 1.2$ 时,矿工头部、腰部和脚踝处 HSI 值再次减小,头部 HSI 值由 56 减小至 50,腰部 HSI 值由 54 减小至 43,脚踝处 HSI 值由 26 减小至 21。其原因是,当流体 $0.9 \leqslant Pr \leqslant 1.2$ 时,巷道壁面水蒸发量趋于平稳,对流作用变强,矿工身体的 HSI 值减小。

　　综上分析,可得到以下结论:

　　(1) 相较于强制对流较强的巷道中段,在强制对流较弱的高温工作面和风筒出口背面位置处,Pr 对 HSI 值的影响作用较强。

　　(2) 在巷道垂直空间内,矿工身体的 HSI 值从头部到脚踝处依次减小,腰部和脚踝处 HSI 值对 Pr 带来的影响反应更为灵敏。

　　(3) 当 $0.5 \leqslant Pr \leqslant 0.7$ 时,矿工身体的 HSI 值随 Pr 增大而减小;当 $0.7 \leqslant Pr \leqslant 0.9$ 时,矿工身体的 HSI 值随 Pr 增大而增大;当 $0.9 \leqslant Pr \leqslant 1.2$ 时,矿工身体的 HSI 值随 Pr 增大再次减小。

4.4.2　Re 对矿工热舒适的影响

　　当 $Pr=0.67$、$Gr=8.37 \times 10^{10}$ 时,模拟不同 Re 下巷道内传热与流动,探讨 Re 对巷道环境

热舒适的影响。

图 4.17 为在不同 Re 值时，矿工活动空间上的热舒适度分布云图。在强制对流较强的巷道中段位置处，当 Re 由 3.02×10^5 增大至 1.21×10^6 时，矿工活动面上 HSI 值低于 20 的面积占比由 36.45％增大至 99.67％，增长量为 63.22％；当 Re 由 1.21×10^6 增大至 1.51×10^6 时，矿工活动面上 HSI 值低于 20 的面积占比由 99.67％减小至 88.51％，下降量为 11.16％。然而在强制对流较弱的高温工作面附近和风筒出口背面的位置处，当 Re 由 3.02×10^5 增大至 9.07×10^5 时，矿工活动面上 HSI 高于 40 的面积占比 49.23％减小至 7.42％，下降量为 41.81％；当 Re 由 9.07×10^5 增大至 1.51×10^6 时，矿工活动面上 HSI 值高于 40 的面积占比由 7.42％增大至 16.53％，增加量为 9.11％。由此可知，相较于强制对流较弱的位置处，在受强制对流作用较强的巷道中段，Re 对热舒适指标 HSI 值的影响较大。在巷道中段处的流体湍流强度较强，增大 Re 使得流体的流动更不稳定，巷道中段对流强度增幅较大，因此在强制对流较强的巷道中段处，Re 对热舒适的影响作用较大。

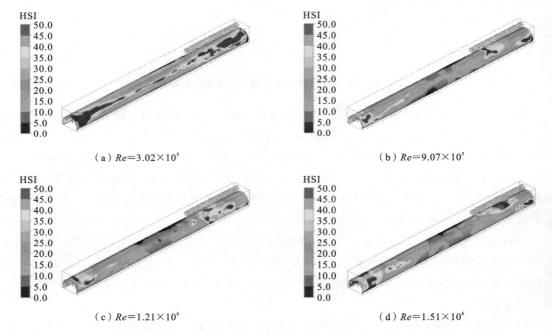

（a）$Re=3.02\times10^5$

（b）$Re=9.07\times10^5$

（c）$Re=1.21\times10^6$

（d）$Re=1.51\times10^6$

图 4.17　不同 Re 下巷道内 HSI 分布云图

图 4.18 是矿工不同身体部位的热舒适度随 Re 增加的变化规律。可以发现，矿工头部、腰部和脚踝处 HSI 值随 Re 增加呈现先减小后增大的变化规律。当 Re 由 3.02×10^5 增加至 1.51×10^6 时，矿工头部 HSI 值由 60 减小至 37 再增大至 45；腰部 HSI 值由 55 减小至 31 再增大至 47；脚踝处 HSI 值由 35 减小至 21 再增大至 25。说明存在 Re 的临界值，当 Re 小于临界值时，增大 Re 可以使得矿工的 HSI 值减小，Re 对矿工热舒适性是正向调节的；当 Re 大于临界值时，增大 Re 可以使得矿工的 HSI 值增大，此时 Re 对矿工热舒适度是负向调节的。由图 4.18 可知，在矿工头部，Re 的临界值为 1.15×10^6，腰部位置处 Re 的临界值为 $1.05\times$

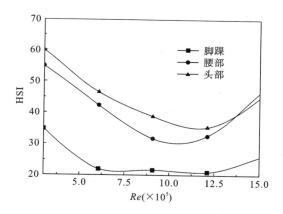

图 4.18　矿工不同身体位置随 Re 增加的变化规律

10^6，脚踝处 Re 的临界值为 $7.5×10^5$。

值得注意的是，在矿工脚踝位置处，当 Re 由 $6.0×10^5$ 增大至 $1.25×10^6$ 时，HSI 值的变化量不超过 0.5，表明当 $6×10^5≤Re≤1.25×10^6$ 时，Re 对脚踝处 HSI 值的影响作用很小，几乎可以忽略。

4.4.3　Gr 对矿工热舒适的影响

Gr 是流体动力学和热传递中的无量纲参数，其近似于作用在流体上的浮力和黏性力之比，它反映了自然对流强度对对流换热强度的影响。在潮湿巷道空间内，流体自然对流强度的不同亦可引起空间内换热强度的不同，从而影响巷道环境的热舒适度。先给定 $Pr=0.67$、$Re=9.07×10^5$，模拟不同 Gr 下巷道内传热与流动，探讨 Gr 对巷道环境热舒适的影响。

图 4.19 为 $Gr=8.37×10^{10}$、$Gr=2.51×10^{11}$、$Gr=3.35×10^{11}$ 和 $Gr=4.19×10^{11}$ 时，矿工活动区域上热舒适度的分布云图。当 Gr 由 $8.37×10^{10}$ 增大至 $4.19×10^{11}$ 时，在对流强度较强的巷道中段，矿工活动面上 HSI 值低于 20 的面积占比由 28.41% 增大至 91.65%，增加量为 63.24%；而在对流强度较强的巷道中段，矿工活动面上 HSI 值高于 40 的面积占比由 91.08% 减小至 7.42%，减小量为 83.66%。由此说明，在强制对流较弱的高温工作面和风筒出口背面处，Gr 对 HSI 的影响作用较大。在强制对流较强的位置处，自然对流起主导作用，Gr 增大，自然对流强度增强，因而 Gr 对热舒适的调节能力增强。

图 4.20 是矿工不同身体部位的热舒适度随 Gr 增加的变化规律。可以看出，Gr 对矿工热舒适的调节能力始终是正向的，但对矿工身体不同部位，Gr 对热舒适度的调节能力存在较大差异。当 Gr 由 $1×10^{11}$ 增加至 $3×10^{11}$ 时，头部的 HSI 值由 115 减小至 85，减小量为 30；腰部 HSI 值由 114 减小至 45，减小量为 69；脚踝处 HSI 值由 70 减小至 35，减小量为 35。表明当 $1×10^{11}≤Gr≤3×10^{11}$ 时，Gr 对腰部 HSI 值影响作用较大，也就是说，当 $1×10^{11}≤Gr≤3×10^{11}$ 时，Gr 对腰部热舒适调节能力较强。当 $3×10^{11}≤Gr≤4.2×10^{11}$ 时，头部的 HSI 值由 85 减小至 42，减小量为 43；腰部 HSI 值由 45 减小至 30，减小量为 15；脚踝处 HSI 值由 35 减小至 21，减小量为 14。表明当 $3×10^{11}≤Gr≤4.2×10^{11}$ 时，Gr 对头部热舒适调节能力较强。

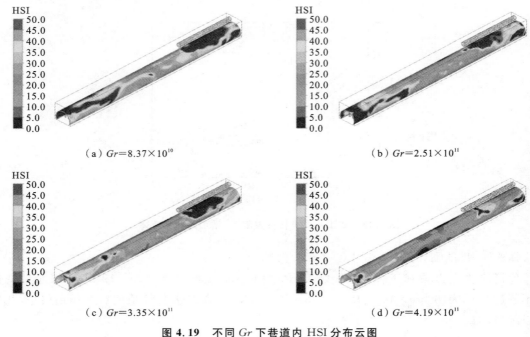

（a）$Gr=8.37\times10^{10}$

（b）$Gr=2.51\times10^{11}$

（c）$Gr=3.35\times10^{11}$

（d）$Gr=4.19\times10^{11}$

图 4.19　不同 Gr 下巷道内 HSI 分布云图

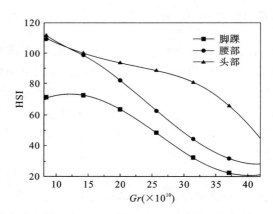

图 4.20　矿工不同身体位置随 Gr 增加的变化规律

　　通过上述 Gr 对矿工热舒适的影响分析，可以发现，随着 Gr 增加，矿工的 HSI 值逐渐减小，即 Gr 对矿工热舒适的调节始终是正向的。在强制对流较弱的高温工作面和风筒出口背面的位置，Gr 对 HSI 值影响作用较大，即 Gr 对矿工热舒适调节能力较强。对于矿工身体部位，当 $1\times10^{11}\leqslant Gr\leqslant3\times10^{11}$ 时，Gr 对腰部热舒适调节能力较强；当 $3\times10^{11}\leqslant Gr\leqslant4.2\times10^{11}$ 时，Gr 对头部热舒适调节能力较强。

　　通过上述分析，可以得到以下结论：

　　（1）在强制对流较强的巷道中段，Re 对 HSI 值的影响作用较大。

　　（2）Re 对矿工热舒适的正向调节存在临界值，若 Re 小于临界值，HSI 值随 Re 增大而减小，若 Re 大于临界值，HSI 值随 Re 增大而增大。矿工头部、腰部和脚踝处的临界值分别为

1.15×10^6、1.05×10^6 和 7.5×10^5。

通过对表 4.2 至表 4.4 所列工况进行数值计算，再结合 HSI 计算公式，可以得到不同 Pr、Re 和 Gr 时，矿工头部、腰部和脚踝处的 HSI 值。由上述研究可知，矿工头部感觉最热，且头部是矿工身体热感觉最敏感和最重要的部位，因此本小节选取矿工头部位置的 HSI 值作为评判矿工是否感觉舒适的标准。将矿工头部 HSI 值分别与其对应的 Pr、Re 和 Gr 进行拟合，得到 HSI 分别关于 Pr、Re 和 Gr 的控制模型，如表 4.5 至表 4.7 所示。

表 4.5　HSI 关于 Pr 的控制模型

	$Pr=0.51$	$Pr=0.58$	$Pr=0.67$	$Pr=0.80$	$Pr=0.98$	$Pr=1.12$	$Pr=1.27$
头部（HSI）	55.2	39.7	28.9	48.4	56.6	56.5	46.4
HSI$=f(Pr)$	\multicolumn{7}{l}{HSI$=-2.06 \times 10^3 + 1.41 \times 10^4 Pr - 3.38 \times 10^4 Pr^2 + 3.45 \times 10^4 Pr^3 - 1.27 \times 10^4 Pr^4$}						

表 4.6　HSI 关于的 Re 控制模型

	$Re=3.02 \times 10^5$	$Re=6.05 \times 10^5$	$Re=9.07 \times 10^5$	$Re=1.21 \times 10^6$	$Re=1.51 \times 10^6$
头部（HSI）	60.2	46.7	28.9	35.5	45.2
HSI$=f(Re)$	\multicolumn{5}{l}{HSI$=-9.38 + 4.96 \times 10^{-4} Re - 1.14 \times 10^{-9} Re^2 + 9.27 \times 10^{-16} Re^3 - 2.49 \times 10^{-22} Re^4$}				

表 4.7　HSI 关于 Gr 控制模型

	$Gr=8.37 \times 10^{10}$	$Gr=1.67 \times 10^{11}$	$Gr=2.51 \times 10^{11}$	$Gr=3.35 \times 10^{11}$	$Gr=4.19 \times 10^{11}$
头部（HSI）	110.0	90.4	67.5	37.1	28.9
HSI$=f(Gr)$	\multicolumn{5}{l}{HSI$=1.47 \times 10^2 - 5.96 \times 10^{-10} Gr + 2.38 \times 10^{-21} Gr^2 - 3.69 \times 10^{-23} Gr^3$}				

在对巷道热舒适进行控制时，可根据巷道内实际监测的温度、风速和湿度等参数，选择合适的无量纲参数控制模型。例如，在潮湿巷道中，壁面水的蒸发在对流换热过程中占主导作用，可选择以 Pr 作为控制变量的 HSI 控制模型对巷道内热舒适进行调控。而在壁面相对干燥的巷道内，增加 Re 或 Gr 可以增加对流作用强度，因此可选择以 Re 或 Gr 作为控制变量的 HSI 控制模型进行调控。

4.5　本章知识清单

4.5.1　热应力指标

为直观地判断巷道湿热环境中矿工的热舒适度，引入热舒适客观评价指标这一概念。运用热应力指标 HSI 来评价巷道极端湿热环境中矿工的热舒适度，HSI 计算公式如下：

$$HSI = 100 \times \frac{E_{req}}{E_{max}} \tag{4.52}$$

$$E_{req} = M - R - C - W \tag{4.53}$$

$$E_{max} = 11.7 \times v^{0.6} \times (56 - Y) \tag{4.54}$$

式中：M——人体新陈代谢产生的能量，W/m^2；

   R——人体通过辐射换热的方式向周围环境散发的热量，W/m^2；

   C——人体通过对流换热的方式向周围环境散发的热量，W/m^2；

   v——矿井内空气的流速，m/s；

   Y——空气中水蒸气的分压力，10^2 Pa。

4.5.2　表面蒸汽压修正

在液滴蒸发的过程中，随着温度的增大，液滴表面蒸汽压会大幅度增加，导致液滴蒸发速率减小，从而影响水蒸气在空间内的分布。而在以往的计算方法中，没有考虑液滴表面蒸汽压变化带来的影响，通常将液滴表面蒸汽压设为定值，从而导致空间内湿度计算误差较大。

本章考虑了液滴表面蒸汽压对水蒸气扩散的影响，结果表明，相较于不修正表面蒸汽压力，当修正液滴表面蒸汽压时，方腔内水蒸气扩散的区域面积较小。比较液滴散发面处水蒸气含量数值，修正表面蒸汽压的水蒸气含量为 4.1×10^{-11}，不修正表面蒸汽压的水蒸气含量为 8.2×10^{-11}，修正表面蒸汽压的水蒸气含量是不修正的 0.5 倍。说明表面蒸汽压修正与否，对空间内湿度影响较大，因此在考虑水蒸发对空间内湿度影响时，需要对表面蒸汽压进行修正，以确保空间内湿度计算的正确性。

液滴在非等温流场中扩散，液滴转化为水蒸气的速率方程为

$$N_i = k_c \left(\frac{p_{vap,d}}{RT_d} - \frac{p_{vap,\infty}}{RT} \right) \tag{4.55}$$

式中：T_d——液滴的温度，K。

液滴在迁移扩散的过程中，其温度不断升高，其表面蒸汽压有较大幅度的增加，需要采用 UDF 加载压力拟合方程对液滴表面的分压力进行修正，压力拟合方程表达式为

$$p_{vap,d} = \exp \left[77.34 - \left(\frac{7235}{T_d} \right) - 8.2 \ln T_d + 0.005711 T_d \right] \tag{4.56}$$

4.5.3　方程无因次化

在物理上，除空间量纲与时间量纲外，更广泛的量纲形成了一个抽象的参数空间，例如：七个基本物理量的量纲包括质量 m，长度 L，时间 t，热力学温度 θ，电流 I，光强 C 和物质的量 N。任何物理量的量纲均可通过基本物理量量纲组合得到，例如：密度 ρ 的量纲为 $[\rho] = ML^{-3}$，对应国际标准单位为 $kg \cdot m^{-3}$，式中 $[\cdot]$ 代表取中括号内变量的量纲。

无量纲化（nondimensionalization）指通过适当的变量替换，从包含物理量的系统中部分或全部去除物理维度，使得变换后的系统中的部分或全部变量的量纲为 1。该过程可以简化具有复杂物理量的问题，并完成对关键物理信息的参数化。表示守恒定律的微分方程很少使用量纲变量来求解，通常的做法就是将方程无量纲化，利用适当的特征尺度得到无量纲量[6]。

对一个物理系统（一般以微分方程组形式出现）进行无量纲化并提取特征无量纲数的一般流程如下：

（1）引入参考特征量（有量纲），如特征长度 L^*、特征速度 U^*、物理变量 ρ^*、t^* 的参考量等；

（2）将原始方程组中的有量纲变量，根据参考特征量及其组合进行无量纲化（无量纲方式通常不是唯一的），获得无量纲变量；

（3）将无量纲变量代回原始方程组，整理并化简形式；

（4）分析无量纲方程组中出现的参考特征量组合项，定义无量纲数，并分析其物理意义；

（5）将各个无量纲数代回方程组中，重新整理方程形式，最终得到无量纲化的方程组。

下面以运动方程为例对其进行无量纲化。

（1）首先引入与流场相关的各参考特征量。

$$x=\frac{x^*}{L^*}, \quad y=\frac{y^*}{L^*}, \quad z=\frac{z^*}{L^*}, \quad \nabla=L^*\nabla^*, \quad t=\frac{t^*}{t_\infty}=\frac{U^*_\infty}{L^*}t^*$$

$$\rho=\frac{\rho^*}{\rho^*_\infty}, \quad p=\frac{p^*}{\rho^*_\infty U^{*2}_\infty}, \quad u=\frac{u^*}{U^*_\infty}, \quad T=\frac{T^*}{T^*_\infty}, \quad \mu=\frac{\mu^*}{\mu^*_\infty}$$

$$(4.57)$$

需要说明的是，对于原始变量参考特征量的构造，通常其组合形式与缩放系数不是唯一的，可能有多种方式。但是，无论采用何种无量纲变换形式，都必须满足组合特征量的量纲与原始变量对应。

（2）将上述各无量纲变量形式代入有量纲的运动方程，进一步整理与简化即可得到无量纲运动方程，具体过程如下：

将无量纲变量（X）代入有量纲的运动方程：

$$\rho^*_\infty\rho\left[\frac{\partial(U^*_\infty u)}{\partial\left(\frac{L^*}{U^*_\infty}t\right)}+\left(U^*_\infty u\cdot\frac{1}{L^*}\nabla\right)(U^*_\infty u)\right]$$

$$=-\frac{1}{L^*}\nabla\left[(\rho^*_\infty U^*_\infty)p\right]+\frac{1}{L^*}\nabla$$

$$\cdot\left\{\mu^*_\infty\mu\left[\left(\frac{1}{L^*}\nabla\right)(U^*_\infty u)+\left(\left(\frac{1}{L^*}\nabla\right)(U^*_\infty u)\right)^{\mathrm{T}}-\frac{2}{3}\left(\frac{1}{L^*}\nabla\right)\cdot(U^*_\infty u)I\right]\right\} \quad (4.58)$$

方程两边同乘 $L^*/\rho^*_\infty U^{*2}_\infty$，化简可得：

$$\rho\left[\frac{\partial u}{\partial t}+(u\cdot\nabla)u\right]=-\nabla p+\frac{\mu^*_\infty}{\rho^*_\infty U^*_\infty L^*}\nabla\cdot\left[\mu\left((\nabla u)+(\nabla u)^{\mathrm{T}}-\frac{2}{3}(\nabla\cdot u)I\right)\right] \quad (4.59)$$

定义基于流场特征长度 L^* 的无量纲的自由来流雷诺数：

$$Re_\infty=\frac{\rho^*_\infty U^*_\infty L^*}{\mu^*_\infty} \quad (4.60)$$

将该无量纲数代回方程进一步整理无量纲运动方程为

$$\rho\left[\frac{\partial u}{\partial t}+(u\cdot\nabla)u\right]=-\nabla p+\frac{1}{Re_\infty}\nabla\cdot\left[\mu\left((\nabla u)+(\nabla u)^{\mathrm{T}}-\frac{2}{3}(\nabla\cdot u)I\right)\right] \quad (4.61)$$

观察式（4.61）可知，考虑忽略体积力项的可压缩流动，无量纲运动方程仅包含一个无量纲数 Re_∞，其物理意义为自由来流惯性力与黏性力之比。容易知道，若当地雷诺数较小时，流动的黏性效应占主要地位;反之,若当地雷诺数很大,例如趋于无穷时,流动的黏性效应可以忽略,此时惯性力占主导地位。

接下来介绍一些常见的无量纲数。

(1) 雷诺数 Re

$$Re = \frac{\rho UL}{\mu} \qquad (4.62)$$

表征惯性力和黏性力的相对重要性的量。

(2) 格拉晓夫数 Gr

$$Gr = \frac{g\beta \Delta T L^3}{v^2} \qquad (4.63)$$

表征浮力与黏滞力之比,在自然循环中的作用与 Re 在强制循环中的作用相同。

(3) 普朗特数 Pr

$$Pr = \frac{\mu C_p}{k} = \frac{v}{\alpha} \qquad (4.64)$$

表征流动边界层和热边界层的比值。

(4) 施密特数 Sc

$$Sc = \frac{v}{D} \qquad (4.65)$$

表征运动黏性系数和扩散系数的比值,在传质中 Sc 对应着传热中的 Pr。

(5) 贝克来数 Pe,表征对流速率和扩散速率之比。

对于热量传递:

$$Pe = \frac{\rho UL c_p}{k} = Re * Pr \qquad (4.66)$$

对于质量传递:

$$Pe = \frac{UL}{D} = Re * Sc \qquad (4.67)$$

(6) 努塞尔数 Nu

$$Nu = \frac{hL}{k} \qquad (4.68)$$

是对流换热系数 h 的无量纲形式。

(7) 弗劳德数 Fr

$$Fr = \frac{U}{\sqrt{gL}} \qquad (4.69)$$

表征惯性力与重力的比值。

(8) 韦伯数 We

$$We = \frac{\rho U^2 L}{\sigma} \qquad (4.70)$$

表征惯性力与张力的比值,用于多相流分析。

实际上,特征无量纲数是整个系统的关键。可以说,理解了无量纲数的物理图景,也就抓住了流体系统的本质。对于流体基本方程组开展无量纲化的过程,本质是通过一种合理的尺度"缩放",找到不同流体系统的共同特征与内在联系。另外,流体的理论、实验与计算研究中也广泛采用无量纲方程形式。在许多经典流体力学理论研究中,对于不同流体方程的无量纲化通常是一种"规范流程",更常作为理论分析的首个步骤,不可或缺。若两个具有相似边界条件的流体系统中无量纲数保持一致,则两系统具有动力学相似性,可认为流动规律相似,这也是风洞实验的基本原理与必需条件。同时,在通过 CFD 数值模拟各种流动时,也常求解无量纲化的流体力学基本方程组,这种做法既能够简化编程框架、降低数据前处理难度,也在一定程度上提升了计算的稳定性与鲁棒性。

本章参考文献

[1] 徐雪梅. 高湿矿井热舒适预测与控制模型[D].武汉科技大学,2021.
[2] 胡兴,李保峰,陈宏. 室外热舒适度研究综述与评估框架[J]. 建筑科学,2020,36(4):53-61.
[3] 王保国.安全人机工程学[M].北京:机械工业出版社,2007.
[4] 龙腾腾. 高温独头巷道射流通风热环境数值模拟及热害控制技术研究[D]. 长沙:中南大学,2008.
[5] 王文,刘志刚,张智. 气体普朗特数变化规律的初步研究[J]. 西安交通大学学报,1999,33(1):77-80.
[6] WANG Q,ZHOU G,WEN Z,et al. Three dimension numerical simulation of multi—slot gas jet impinging heat transfer[J]. Industrial Furnace,2013,35(1):5-8.

第 5 章　数值模拟技术在工业除尘中的应用

工业生产会产生大量粉尘,即固态颗粒物,其主要来源于固体物料的机械粉碎和研磨,粉状物料的混合、筛分、包装及运输,物质的燃烧,物质被加热时产生的蒸气在空气中的氧化和凝结[1]。给安全生产和人们生活带来巨大隐患。目前用到的除尘器主要有惯性除尘器、旋风除尘器、袋式除尘器、湿式除尘器和电除尘器等,它们既是环保设备又是生产设备。

5.1　应用需求分析

烧结机尾烟气具有温度为 $80\sim150$ ℃[2]、湿度为 $3\%\sim5\%$、粉尘比电阻约为 $10^9\sim10^{12}$ $\Omega\cdot cm$ 等特点[3],可用电除尘器去除机尾烟气,但静电除尘器对 $0.1\sim2$ μm 的细颗粒物控制效果有限[4],且除尘效率受粉尘特性变化影响较大,因此,提高除尘效率,特别是提高对细颗粒物及高比电阻粉尘的除尘效率成为当务之急。

与电除尘器相比,袋式除尘器除尘效率可达到 99.99% 以上,粉尘排放质量浓度能达到 10 mg/m^3 以下,甚至达到 1 mg/m^3,而且对 PM_{10}、PM_5、$PM_{2.5}$ 等细微颗粒物有很高的捕集效率[5],基本上达到零排放,并且具有运行稳定、管理简单以及维修方便等优点。将电除尘器改为袋式除尘器是解决电除尘器对细颗粒物除尘效率低的主要途径之一,但是袋式除尘技术仍然存在滤袋使用寿命短、运行阻力大等缺点[6]。为了提高滤袋的使用寿命,减少气流对滤袋的瞬时冲击,降低运行阻力,须优化其内部流场,保证流场的均布性。

采用数值模拟方法研究除尘器内部烟气流动规律,可将"看不见"的内部流动可视化,有效减少模型实验的次数,根据模拟结果提出流场改进措施,提高流动均布性。

5.2　袋式除尘器除尘机理简述

对除尘器内部的粉尘和气流运动进行数值模拟,首先需要对除尘机理有深入的了解,才能建立相应的数学物理模型描述除尘器内部的粉尘和气流运动和除尘过程。

袋式除尘器的除尘方式是物理法除尘。含尘烟气通过滤袋,粉尘颗粒物被阻挡到滤袋表面,干净烟气从滤袋内部排出。滤袋捕集大颗粒粉尘主要靠"惯性碰撞"作用,捕集微细粉尘主要靠"扩散"和"筛分"作用。滤料的表面粉尘层也有一定的过滤作用。如果粉尘层增加,会造成滤袋阻力增加。因此,除尘器必须具有清灰功能。通过监测内部阻力,自动控制程序发出清灰指令,向滤袋内部喷射一定的压缩空气,使滤袋迅速膨胀,在滤袋收缩的一瞬间,附着于滤袋表面的尘饼由于惯性落入灰斗,并通过输灰系统排到灰仓储存。

电改袋是指保留电除尘器壳体和原有的进气方式,只改变内部结构,从而实现电除尘器到袋式除尘器的改造。电改袋除尘器为分体式结构,前部为电除尘器,通过电除尘器的出口封头与后部的布袋除尘器相连。含尘烟气进入除尘器后,尘粒在电场内通过静电力除去约 90% 的大粒径粉尘,剩余的细颗粒物通过滤袋的过滤作用除去,过滤后的烟气进入烟道。

5.3　电改袋除尘器流场的数值模拟

针对传统电改袋除尘器内部气流分布不均匀的问题,提出了一种两侧进气电改袋除尘器,以达到各袋室气流分布均匀的目的。本节采用 Ansys CFX 软件对其流场进行数值模拟及气流均布性分析。

5.3.1　除尘器几何模型

结合某烧结机尾电改袋工程实例,根据图 5.1 建立两侧进气电改袋除尘器几何模型:滤袋总数均为 2304 条,滤袋前后和左右方向的间隔分别为 70 mm、90 mm,单条滤袋规格为 $\phi 160$ mm × 7000 mm,设计过滤速度为 0.91 m/min。若关闭两侧进气电改袋除尘器的一个袋室,进行离线清灰或者更换滤袋时,过滤速度为 0.99 m/min,完全满足袋式除尘器的运行要求。

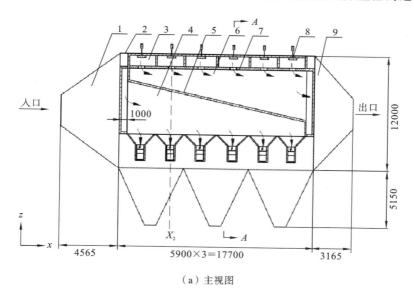

(a) 主视图

图 5.1　两侧进气电改袋除尘器结构示意图(单位 mm)

1—进气箱;2—壳体;3—净气室;4—进气烟道;5—斜板;6—出气烟道;7—花板;
8—提升阀;9—出气箱;10—袋室;11—滤袋;12—蝶阀;13—进风管;14—灰斗

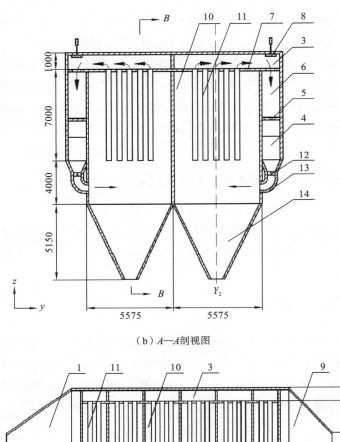

（b）A—A剖视图

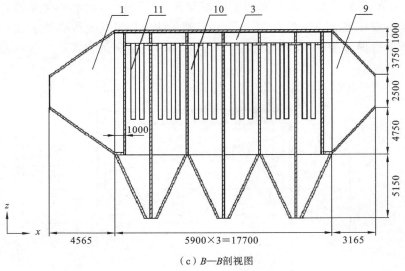

（c）B—B剖视图

续图 5.1

5.3.2　烟气流动数学物理模型

在除尘器内部,烟气流动是不可压缩的紊流,同样建立 N-S 方程。

Ansys CFX 流体软件中引入了大量的紊流模型,如 k-ω 模型、BSL k-ω 模型、Shear Stress Transport k-ω 模型、Reynolds Stress 模型、标准 k-ε 模型、RNG k-ε 模型等。本章节案例在模

拟中采用 Ansys CFX 计算中最常用的两方程模型:标准 k-ε 模型和 RNG k-ε 模型进行数值模拟计算。

Ansys CFX 中,多孔介质模型主要用于模拟流体穿过多孔材料产生的压降和速度变化。电改袋除尘器中滤袋为多孔材料,厚度小,数量庞大,很难精确划分网格,因此在模拟计算时利用多孔介质模型计算求解。

基于 N-S 方程和达西定律(Darcy's Law)的多孔介质模型为

$$-\frac{\alpha_p}{\alpha_{x_i}} = \frac{\mu}{K_{\text{perm}}}U_i + K_{\text{loss}}\frac{\rho}{2}|U|U_i = C_{R1}U_i + C_{R2}|U|U_i \qquad (5.1)$$

式中:μ——流体动力黏度;

　　　K_{perm}——材料渗透率;

　　　K_{loss}——材料的经验损失系数;

　　　C_{R1} 和 C_{R2}——线性阻抗系数和二次阻抗系数;

　　　U_i 与 U——表观速度。

一般求解计算使用表观速度,而实际数据设定为真实速度,这时系数 C_{R1} 和 C_{R2} 采用下式修正:

$$C_{R1} = \frac{\mu}{\gamma K_{\text{perm}}}, \qquad C_{R2} = \frac{K_{\text{loss}}\rho}{\gamma^2} \qquad (5.2)$$

式中:γ——体孔隙率,是指该点附近的一个无穷小的控制单元内允许流体流动的体积 V' 与物理体积 V 之比,即

$$\gamma = \frac{V'}{V} \qquad (5.3)$$

5.3.3　网格划分

网格质量的优劣直接影响到计算的精度和速度。一般数值模拟过程中,网格划分所花费的时间要占整个过程的一半,尤其是对大型复杂结构模型划分网格时。网格尺度也有十分重要意义,网格太粗计算结果误差大,精度低,网格太细,计算精度较高,但是需要占用较多的计算机资源,一般每 1000 个网格要占用计算机 1M 内存,如果网格数太大,超出计算机内存,计算就会溢出,所以划分网格时要根据模型大小,计算机容量进行反复调整,选择合适的网格划分方法。结构性网格要比非结构性网格计算速度快,收敛性好,精度高,但结构性网格的网格划分有一定的技巧性,划分比较困难。

在本例中,为了提高计算精度,同时控制网格数量,采用结构性和非结构性混合网格进行网格划分,其中袋室和净气室部分采用六面体结构性网格划分,其他部分采用四面体非结构性网格划分,并对局部地方进行加密处理,网格数量为 400 万个。

5.3.4　边界条件

入口采用速度入口条件,为满足处理烟气量 44×10^4 m³/h,入口速度应为 16.3 m/s;出口采用压力出口条件,设平均静压为 0 Pa;固体壁面包括除尘器壳体、花板、烟道、斜板等,采用

无滑移壁面边界。滤袋为多孔介质模型,整个过程为等温过程,模拟中烟气温度为 100 ℃,介质为不可压缩空气,密度为 0.947 kg/m³。

5.3.5 多孔介质模型的设置

在 Ansys CFX 中设置多孔介质模型的步骤如图 5.2 所示。

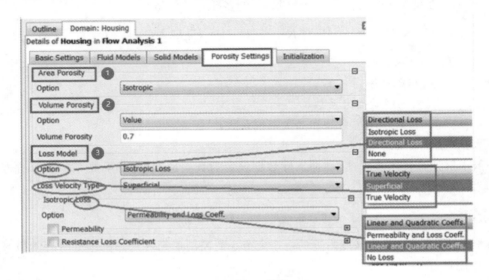

图 5.2 多孔介质模型的设置

在 Porosity Settings 选项卡中对多孔介质模型的详细参数进行设置。

(1) Area Porosity 指流动可通过的面积与总物理面积的比值,默认为 Isotropic。

(2) Volume Porosity 体积孔隙率,是流体体积与总物理体积的比值。

(3) Loss Models 损失模型,滤袋属于定向损失,选择 Direction Loss(定向损失)模型,定义指定方向上的损失系数。选定损失模型后,继续选择损失模型对应的速度类型,有 Superficial、True Velocity 两个选择,Superficial 是指孔隙率为 100% 时的流动速度,True Velocity 指实际的流速。

(4) Option 损失计算方法有 Permeability and Loss Coeff(多孔介质渗透率与损失系数)、Linear and Quadratic Coeffs(线性、平方阻力系数)和 No Loss。

5.3.6 计算结果分析

袋式除尘器除尘空间的气流分布均匀程度是影响设备性能的一个关键指标,气流均匀可以提高除尘空间的浓度场和滤袋表面的粉尘层均匀分布程度,进而减少高速气流夹带颗粒物对滤袋的冲击。下面对除尘器内部流场规律及气流均布性进行分析。

在 CFD-POST 中可提取关键平面的速度等值线、速度矢量图直观地表现气流速度分布和方向。由图 5.3(a)(b)可知,两侧进气电改袋除尘器各袋室流场分布较为一致,正对袋室入口处烟气速度均在 10.0～12.0 m/s,所以,所有过滤单元处理烟气量基本一致,不存在局部单元处理烟气量偏高,而引起过滤负荷不同的问题。

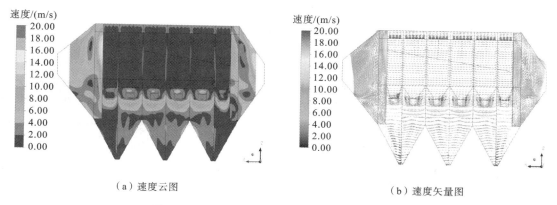

（a）速度云图　　　　　　　　　（b）速度矢量图

图 5.3　两侧进气电改袋除尘器流场速度分布图

由图 5.4(a)(b)可知,烟气沿进气烟道向下经进风管进入袋室后,烟气以最高 12.0 m/s 的速度斜向下运动,在运动的过程中速度逐渐减小至 6.0 m/s 以下,并逐渐以最高 4.0 m/s 的速度向上扩散,进入过滤单元,实现粉尘的捕集。灰斗区域内靠近灰斗上壁面处烟气速度最高为 6.0 m/s,其他大部分区域烟气速度小于 4.0 m/s,且无旋涡存在,可以有效地减缓灰斗二次扬尘。同样,滤袋底部附近区域烟气速度分布均匀,均在 4.0 m/s 以下,基本无偏流现象,能减缓滤袋间碰撞磨损。

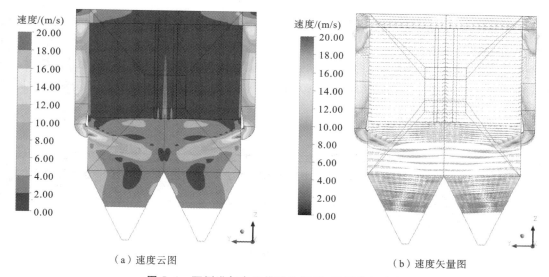

（a）速度云图　　　　　　　　　（b）速度矢量图

图 5.4　两侧进气电改袋除尘器 X_2 平面流场分布

通过提取各进气室平面的速度均值比较气流的均布性,如表 5.1 所示。在各袋室中,烟气流量最大为 14.43 kg/s,最小为 14.06 kg/s,标准差为 0.152,可见各袋室烟气流量分布十分均匀。

标准差的计算公式为

$$s = \sqrt{\frac{\sum\limits_{i=1}^{n}(x_i - \overline{x})^2}{n}} \qquad (5.4)$$

式中:s——标准差;

x_i——第 i 个数据;

$\overline{x}$——该组数据的平均值。

表 5.1 袋式烟气流量分布

袋室编号	1	2	3	4	5	6
袋室入口烟气流量 q_i/(kg/s)	14.16	14.06	14.25	14.42	14.15	14.43
标准差			0.152			

注:按烟气流动方向依次将袋室编号为 1,2,…,6。

5.4 电改袋除尘器脉冲喷吹数值模拟

为了更好地利用静电除尘器的内部空间,电改袋除尘器采用长袋及脉冲清灰方式,本节从喷吹管内气流的均匀性考虑,优化喷吹系统。

5.4.1 脉冲清灰装置几何模型的建立

如图 5.5 所示,选取电改袋除尘器上箱体及喷吹管内空间为计算域,以单根喷吹管为研究对象,模拟喷吹管内及净气室内的速度和压力分布。喷吹管规格为 110 mm×3520 mm,单条喷吹管上布置 15 个喷嘴,喷嘴间距为 230 mm,将喷嘴依次编号为 1～15。喷嘴形式如图 5.6 所示,计算时取喷嘴长 45 mm,喷嘴直径 40 mm,喷吹孔直径 20 mm,喷嘴出口与袋口的距离为 200 mm,袋口直径为 160 mm。

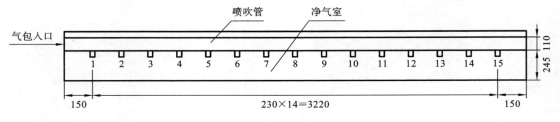

图 5.5 喷吹管几何模型

5.4.2 喷吹过程的数学物理模型

为了便于计算,模拟计算时假设喷吹管内的可压流体为理想气体,做非稳态流动,喷吹时间为 0.2 s,由于喷吹时间很短,忽略气体与固体壁面之间的热量交换,紊流模型采用标准 k-ε 模型。

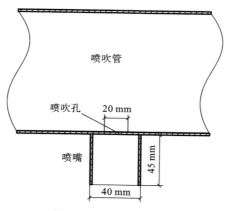

图 5.6　喷嘴结构形式

5.4.3　边界条件及设置

气包入口采用全压边界条件,设为 0.20 MPa;滤袋口为压力出口条件,考虑到除尘器实际运行时,净气室为负压环境,设平均静压为 −2000 Pa;净气室出口为开放式边界条件,设静态压强为 −2000 Pa;固体壁面包括花板、净气室壁面、喷管及喷嘴壁面,均采用无滑移壁面边界。模拟时计算域内的初始速度为 10^{-2} m/s,初始压强为 −2000 Pa。

5.4.4　计算结果分析

启动 CFD-POST,选择菜单 File→Load Results…,打开文件选择对话框。

(1) 选择.cas 文件,如图 5.7 所示。勾选 Load complete history as:及 A single case 项。点击 Open 按钮导入文件。

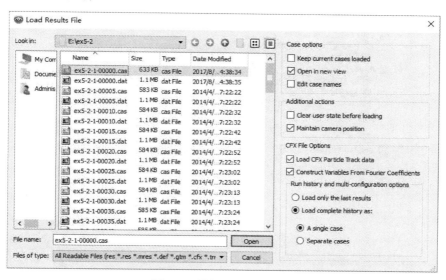

图 5.7　导入.cas 文件界面

（2）选择菜单 Tools→Timesteps Selector，弹出 Timestep Selector（时间步选择）对话框，并导入最终时间步数据进行流场分析，在 Timestep Selector 对话框中，选择时间，并点击 Apply 按钮导入数据，如图 5.8 所示。

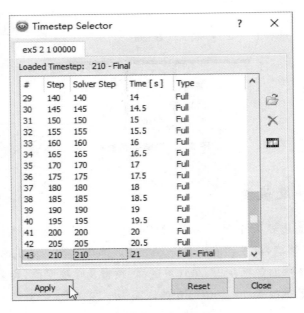

图 5.8　导入数据界面

（3）选择 Location→Plane，创建需要观察速度分布的平面，如图 5.9 所示。

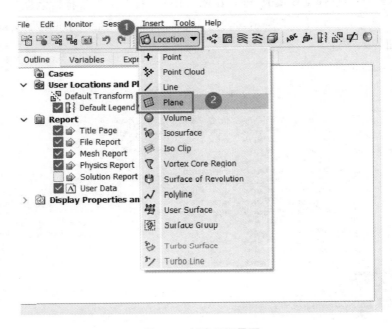

图 5.9　创建平面界面

（4）创建云图,并在 Geometry 面板下的 Location 栏选择之前创建的平面。变量栏中选择速度变量,点击 Apply,如图 5.10 所示。

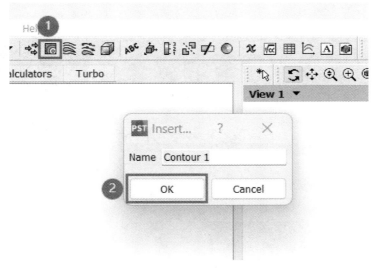

图 5.10　云图创建界面

（5）查看速度矢量图,如图 5.11 所示。

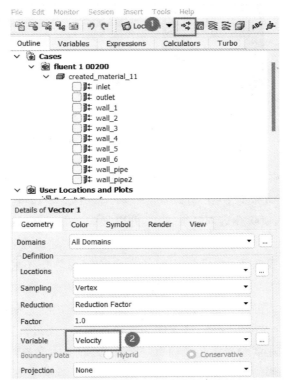

图 5.11　速度矢量图创建界面

83

根据上述步骤,在 CFD-POST 中模拟得到 0.2 s 内计算域内的时均流场分布(见图 5.12)和时均压力场分布(见图 5.13)。

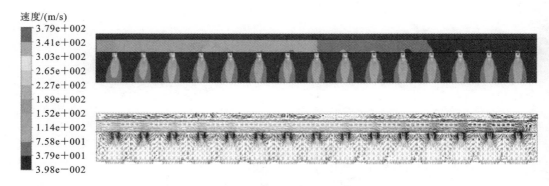

(a)计算域内时均速度云图和矢量图

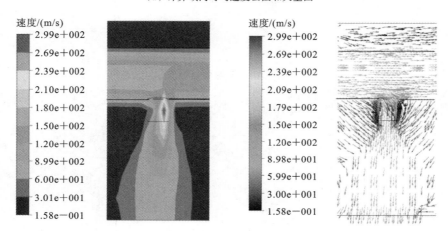

(b)喷嘴 1 内时均速度云图和矢量图

图 5.12　计算域 0.2 s 内时均流场分布

由图 5.12(a)可知,喷吹管内,沿气流流动方向的时均速度不断减小,压气包入口端最大,约为 227.0 m/s,喷吹管末端最小在 37.9 m/s 以下。由图 5.12(b)可知,喷吹气流以最大 299.0 m/s 的时均速度从喷吹孔进入喷嘴 1 内,并以最大 239.0 m/s 的时均速度从喷嘴喷出,高速气流不断诱导净气室内的气体,以 89.9 m/s 左右的时均速度进入袋口。

由图 5.13(a)可知,喷吹管内,沿气流流动方向的时均静压不断增大,喷吹管前端最小为 0.150 MPa,末端最大为 0.199 MPa,这是由于在喷吹过程中,流体速度不断减小,动压随之也不断减小,并不断转化为静压。由图 5.13(b)可知,在喷嘴内靠近喷吹气流入口端存在一个负高压区域,最高负压为 −28.85 kPa,这是因为在喷吹管内,气流速度方向是轴向的,并以一个径向速度流入喷嘴内,速度合成后与径向有一个夹角,即喷吹气流以一定的偏角经喷吹孔进入喷嘴内,使得喷嘴内一侧的气流速度远远高于另一侧的气流速度,高速气流对低速气流有卷吸作用,在卷吸作用下,形成负压。

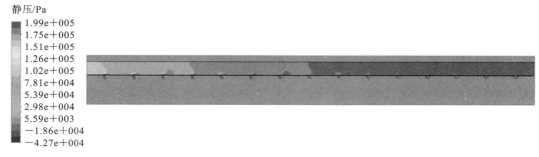

（a）喷吹管内时均静压分布

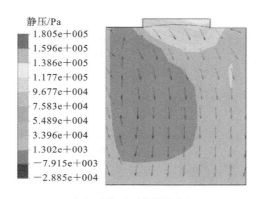

（b）喷嘴 1 内时均静压分布

图 5.13　计算域 0.2 s 时均静压分布

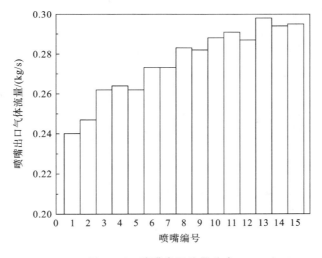

图 5.14　喷嘴出口流量分布

　　另外,通过模拟得到各喷嘴出口的流量分布如图 5.14 所示。由图 5.14 可知,当喷吹孔直径大小相等时,沿气流流动方向各喷嘴出口气体流量呈缓慢增加趋势,分布不均匀。每隔 2 个或者 3 个喷嘴,喷嘴出口流量发生一次较大的变化,变化值约为 0.02 kg/s。其中,喷嘴 13 出口流量最大,为 0.298 kg/s,喷嘴 1 出口流量最小,为 0.240 kg/s,方差为 0.018。

通过上述模拟结果可知,当各喷吹孔直径大小相等时,喷嘴出口流量分布不均匀,根据上述计算结果,对各喷吹孔大小按表 5.2 所示尺寸进行优化,结果如图 5.15 所示。

表 5.2　喷吹孔直径优化值

喷嘴序号	1	2	3	4	5	6	7	8	9	10	11	12	13	14	15
优化值/mm	24	24	24	23	23	23	22	22	22	21	21	20	20	20	20

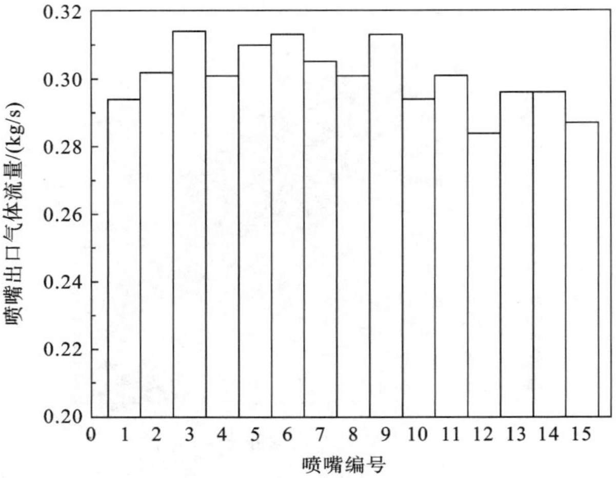

图 5.15　优化后喷嘴出口流量分

由图 5.15 可知,优化后,各喷嘴出口的最大气体流量为 0.314 g/s,最小气体流量为0.284 kg/s,方差为 0.009,分布十分均匀,进而使得进入每条滤袋的诱导空气量相同,不仅有利于清灰,同时也有利于提高滤袋的使用寿命。

5.5　除尘器壳体磨损的数值预测

5.5.1　除尘器壳体几何模型的建立

通过 CAD 建立惯性-布袋两级除尘器三维模型,如图 5.16 所示。

5.5.2　数学物理模型

5.5.2.1　颗粒相运动模型

根据前文所述,除尘器内烟气流动为不可压缩紊流,建立相应 N-S 方程,并选择 RNG k-ε 模型,因为 RNG k-ε 模型提供了一个考虑低雷诺数流动黏性的解析公式,这些特点使得 RNG

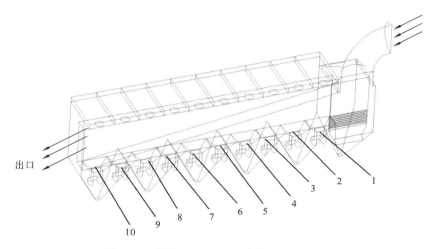

出口

图 5.16 惯性-布袋两级除尘器模型示意图

k-ε 模型比标准 k-ε 模型在更广泛的流动中有更高的可信度和精度[7]。

在研究气固两相流动时,通常有两种方法:一种是将气体相视为连续介质,而将固体颗粒视为不连续的个体,通过对施加在单个固体颗粒上各种力的分析得到固体颗粒在气流中的轨迹和其他参量,这就是拉格朗日方法。另一种方法则除了将气体视为连续体外,还认为固体颗粒足够小,一小块流体就能包含足够多的固体颗粒,以至可用统计平均量来描述,所以可将固体颗粒视为连续的"伪流体",通过求解气体和固体颗粒的方程得到气固两相流的运动学特性,这就是欧拉方法,该方法的应用对象就是单流体和多流体模型。

在本案例要求的颗粒计算粒径为 $100\sim500$ μm,采用基于拉格朗日方法的颗粒轨道模型计算颗粒运动轨迹。

在颗粒轨道模型中,设:① 颗粒为与流体有滑移的离散群,即 $v_{ki}\neq v_i$,$T_k\neq T$;② 不考虑颗粒的湍流扩散、黏性及导热;③ 颗粒按初始尺寸分布分组,各组只有其自身的质量变化,互不相干;④ 各组颗粒由一定的初始位置出发沿各自的轨道运动,互不相干;⑤ 颗粒对流体的作用均匀地分布于流体单元内来考虑。

直角坐标系下的颗粒受力微分方程为

$$\frac{\mathrm{d}u_p}{\mathrm{d}t}=F_d(u-u_p)+\frac{g_x(\rho_p-\rho)}{\rho_p}+F_x \qquad (5.5)$$

式中:μ——流体速度;

u_p——颗粒速度,m/s;

ρ——流体密度,kg/m^3;

ρ_p——颗粒密度,kg/m^3;

F_x——附加加速度,m/s^2;

F_d——曳力系数;

g_x——重力加速度,m/s^2。

$$F_d = \frac{18u}{\rho_p d_p^2} \frac{C_d Re}{24} \qquad (5.6)$$

式中：C_d——曳力系数，

$$C_d = a_1 + \frac{a_2}{Re} + \frac{a_3}{R^2 e} \qquad (5.7)$$

其中 a_1、a_2、a_3 根据相对雷诺数的范围取不同的值。

相对雷诺数（颗粒雷诺数）

$$Re = \frac{p d_p (u_p - u)}{u} \qquad (5.8)$$

式中：d_p——颗粒直径，m。

5.5.2.2 磨损模型

带粒流对材料的磨损量，通常采用磨损率来表达，磨损率可定义为在单位时间内，颗粒作用于单位面积材料表面所切削掉的材料质量。颗粒对材料的磨损率必须针对特定靶材、特定颗粒，在不同速度、不同碰撞角度下做实验而得到的数据，归纳出经验与半经验的磨损率公式才有实际价值。

这方面有代表性的工作是 Grant 和 Tabakoff 通过实验得到如下关系式：

$$f(\gamma_1) = \left(1 + k_2 k_{12} \gamma_1 \frac{90}{\gamma_0}\right)^2 \qquad (5.9)$$

$$R_T = 1 - \frac{V_p}{V_3} \sin\gamma_1 \qquad (5.10)$$

$$f(V_{PN}) = \left(\frac{V_p}{V_2} \sin\gamma_2\right)^4 \qquad (5.11)$$

$$V_1 = 1/\sqrt{k_1} \qquad (5.12)$$

$$V_2 = 1/(\sqrt[4]{k_3}) \qquad (5.13)$$

$$V_3 = 1/k_4 \qquad (5.14)$$

$$\text{ErosionRate} = E \times \dot{N} \times m_p \qquad (5.15)$$

式中：E——每单位质量引起的质量磨损，$kg/(m^2 \cdot s)$；

γ_1——颗粒路径与靶材表面之间的相对角度，°；

V_1——颗粒速度，m/s；

R_T——切向恢复比；

γ_0——最大磨损角，°；

m_p——颗粒总质量，kg/m^3；

N——冲刷频数；

k_1，k_2，k_3，k_4，k_{12}——由材料性质决定的磨损常数。

5.5.3 网格划分

本模型利用 ICEM CFD 的自动网格编辑功能进行网格划分，采用四面体网格，同时对进口、出口、导流板进行了局部加密。网格总数达 170 万左右。

5.5.4 边界条件及设置

此处模拟中入口的速度取 18 m/s,介质为不可压缩空气,温度为 60 ℃,密度为 1.08 kg/m³,收敛残差为 10^{-4}。

5.5.5 颗粒物设置

(1)定义 Injections。点击展开模型树节点 Discrete Phase,双击 Injection,在弹出的对话框中选择按钮 Create,如图 5.17 所示。

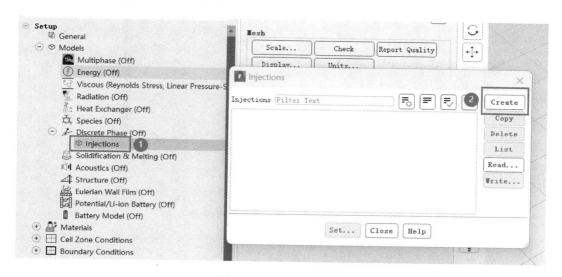

图 5.17 定义 Injection

(2)在弹出的 Set Injection Properties 对话框中,设置颗粒物对应的物理参数,如图 5.18 所示。

(3)定义 DPM 材料。点击展开模型树节点 Materials→Inert Particles,双击 anthracite,弹出材料属性设置对话框,如图 5.19 所示。

(4)点击展开模型树节点 Results→Graphics,双击 Particles Tracks,弹出颗粒追踪参数设置对话框,选择 Release from Injections 列表框中的 injection-0,点击按钮 Track 进行粒子追踪,如图 5.20 所示。

5.5.6 磨损模型设置

在 Fluent 的磨损模块中进行磨损位置和磨损量的预测计算,设置的步骤如图 5.21 所示。点击 Physical Models,勾选 Erosion/Accretion。在后处理中,点击 Contours,按照图 5.22 的操作指示可得到除尘器壳体部位的磨损量。

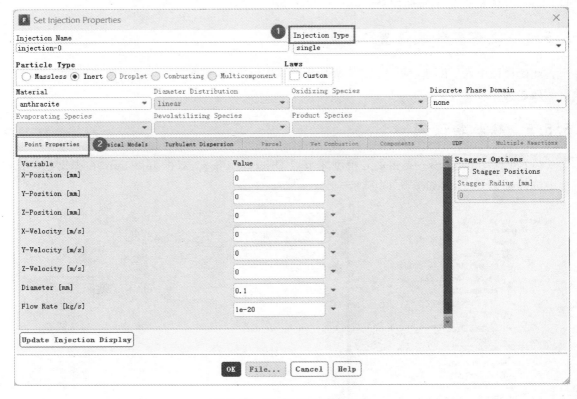

图 5.18　颗粒物物理参数设置

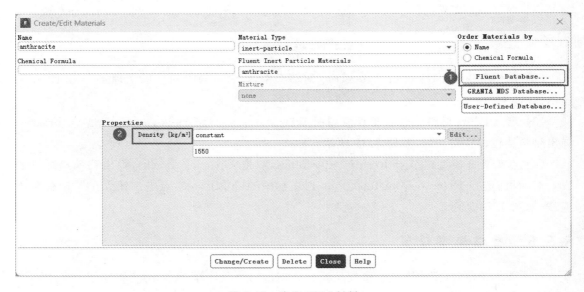

图 5.19　定义 DPM 材料

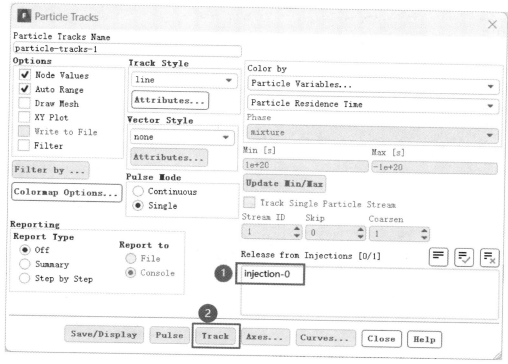

图 5.20　颗粒追踪设置

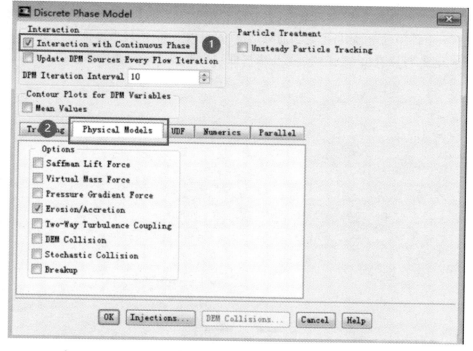

图 5.21　磨损模块设置

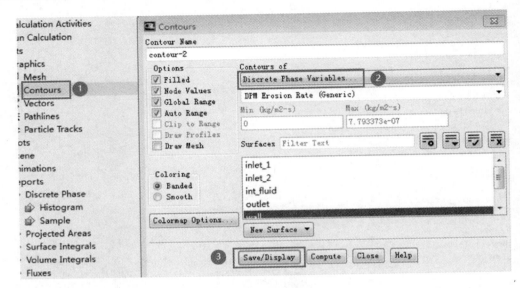

图 5.22　显示磨损云图设置

5.5.7　计算结果及分析

5.5.7.1　气态流场均布性及改善

　　图 5.23 为气流在平面上的速度矢量图。气流从入口先进入惯性除尘器,然后进入布袋除尘器(两者通过通风烟道连接)通风烟道(斜板以下部分)后,通过各进风道进入灰斗,经过各袋室除尘后进入上部净气室,然后汇聚到通风烟道(斜板以上部分)经出口排出。图 5.24 为气流的速度分布云图,可以看出:气流经过第一级惯性除尘器后气流在通风烟道内速度发生变化,

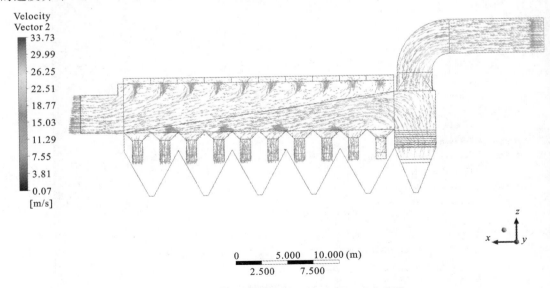

图 5.23　惯性-布袋两级除尘器平面 1 速度矢量

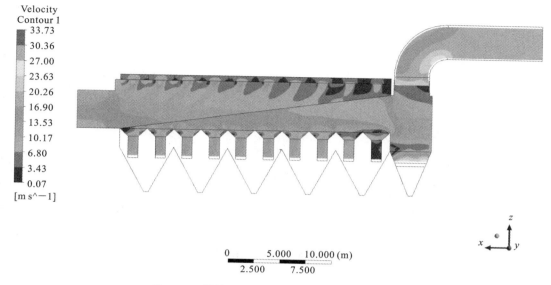

图 5.24　惯性-布袋两级除尘器平面 1 速度云图

这也导致了进入各布袋除尘室的气流量分布不再均匀。表 5.3 进一步给出了各进风道断面的速度值和各进风道的流量值,这说明气流经过惯性除尘器后,进入各布袋除尘器的气流量分布不再均匀,这影响了布袋除尘器的除尘性能。

表 5.3　各进风道断面的速度值和各进风道的流量值

编号	1	2	3	4	5	6	7	8	9	10
速度/(m/s)	6.83	11.13	13.15	13.55	13.38	13.63	13.43	13.89	13.62	13.18
流量/(m³/s)	4.303	7.012	8.285	8.537	8.429	8.587	8.461	8.751	8.581	8.303
平均速度/(m/s)	$\bar{v}=12.58$ m/s									
速度偏差	-5.75	-1.45	0.57	0.97	0.8	1.05	0.85	1.31	1.04	0.6
速度方差	$s^2=\dfrac{1}{n}[(v_1-\bar{v})^2+(v_2-\bar{v})^2+\cdots\cdots(v_n-\bar{v})^2]=4.205$									

　　由此可见,惯性除尘器的存在虽然对于大颗粒的除尘有着积极的作用,然而却对后面的布袋除尘器产生了负面的影响。为了改善惯性除尘器的出口即通风烟道的入口气流均匀性,在惯性除尘器出口添加导流板,如图 5.25 所示。增设导流板后两级除尘器平面 1 速度云图如图 5.26 所示。

　　通过对比图 5.24 和图 5.26 可以看出经过导流板处理后气流进入各袋室进风通道断面上的气流分布有所改善。表 5.4 进一步给出了各进风道断面的速度值和各进风道的流量值,这说明通过在惯性除尘器出口增加导流板后改善了气流的均布性。

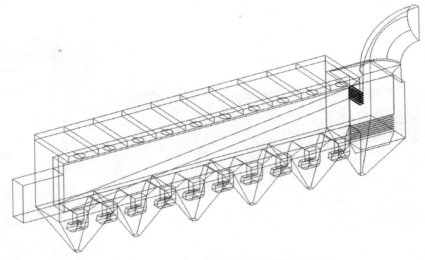

图 5.25　加导流后的两级除尘器模型示意图

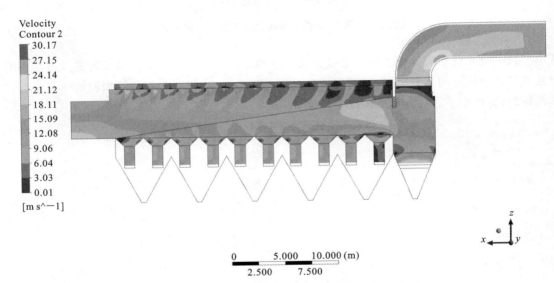

图 5.26　增设导流板后两级除尘器平面 1 速度云图

表 5.4　增设导流板后各进风道断面的速度值和各进风道的流量值

编号	1	2	3	4	5	6	7	8	9	10
速度/(m/s)	7.36	11.30	13.22	13.45	13.23	13.46	13.11	13.21	13.13	12.93
流量/(m³/s)	4.637	7.119	8.329	8.474	8.335	8.480	8.259	8.322	8.272	8.156
平均速度/(m/s)	$\bar{v}=12.58$ m/s									
速度偏差	−5.22	−1.28	0.64	0.87	0.65	0.88	0.53	0.63	0.55	0.35
速度方差	$s^2=\dfrac{1}{n}\left[(v_1-\bar{v})^2+(v_2-\bar{v})^2+\cdots+(v_n-\bar{v})^2\right]=3.235$									

5.5.7.2　气态流场均布性及改善

壳体磨损的不同位置如图 5.27 所示。

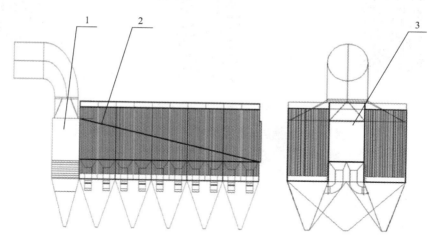

图 5.27　壳体磨损位置示意图(主视图和侧视图)

1— 侧壁;2—斜板;3—前壁

当惯性除尘器入口风速为 17 m/s,通过磨损模型计算得到质量流率分别为 0.5 kg/s(改造前入口质量流率)和 0.4 kg/s(优化口入口质量流率)两种情况下的磨损量,如图 5.28 和图 5.29 所示。

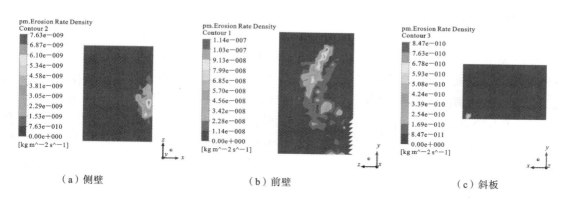

（a）侧壁　　　　　　　　　（b）前壁　　　　　　　　　（c）斜板

图 5.28　改造前质量流率为 0.5 kg/s 时的磨损率

对比两次模拟的磨损云图可知,当质量流率下降到 0.4 kg/s 时,除了前壁磨损情况无变化外,侧壁和斜板均有不同程度的变化,从计算结算来看,其中侧壁由原来的 7.63×10^{-9} kg/$(m^2 \cdot s)$ 下降到现在的 2.05×10^{-9} kg/$(m^2 \cdot s)$,斜板由原来的 8.47×10^{-10} kg/$(m^2 \cdot s)$,下降到现在的 0 kg/$(m^2 \cdot s)$。由此可见,入口浓度影响磨损量,当入口浓度高时磨损严重,当入口浓度降低时,磨损情况得以改善。

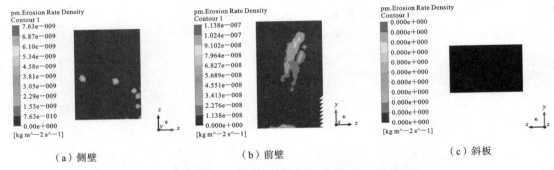

（a）侧壁　　　　　　　　（b）前壁　　　　　　　　（c）斜板

图 5.29　改造后质量流率为 0.4 kg/s 时的磨损率

5.6　本章知识清单

5.6.1　多孔介质模型

多孔介质是以固相介质为骨架，含有大量的孔隙空间，并且至少有一部分孔隙空间的微毛细管孔是相互连通的，流体可以在其中储集，也可以在其中流动[8]。描述多孔介质的参数包括多孔介质的孔隙率、孔径、孔形、比表面积等等，其中孔隙率指标是最主要的指标，它对多孔材料力学、物理和化学等方面的性能影响最为显著[9]。

多孔介质模型广泛用于模拟滤袋、孔板和填充介质的流动。计算多孔介质的数值模型有半经验公式和多孔跳跃介质模型[10]。其中，多孔跳跃（porous jump）介质模型是由一维多孔介质模型简化而成。多孔介质面厚度比较小时，可以用一维假设"多孔跳跃"定义速度和压强的特征[11]。多孔跳跃介质模型用于单独的"一维面"，可以提高计算的稳定性和收敛性[12]。

Ansys CFX 中，多孔介质模型基于 N-S 方程和达西定律（Darcy's Law），可以模拟那些由于几何结构复杂而不便划分网格的问题。电改袋除尘器中滤袋为多孔材料，厚度小，数量庞大，在划分网格时很难精确划分，因此在模拟计算时，假设为圆柱体，并利用多孔介质模型计算求解。

5.6.2　磨损及磨损率的计算方法

带粒流动引起的磨损可以分成三类。一类是脆性磨损，其特征是被磨损的材料在被移去前，不存在塑性变形，其表现特征是材料出现裂纹或飞溅。对于脆性材料，随着尘粒入射角的增大，磨损量也随之增加，当入射角为 90° 时，磨损量达到最大，主要是疲劳脱落。第二类是塑性磨损，其特征是被磨损的材料在被颗粒冲蚀而移去前，一直存在着塑性变形，其表现特征是颗粒在材料表面犁出或削出一道槽。对于塑性材料，当入射角为 15°～25° 时，磨损量最大，主要是尘粒的切削磨损。第三类是前两种模式的综合，许多在带粒流中所遇见的实际情况均属这一类。

　　带粒流对材料的磨损量通常采用磨损率来表达,磨损率可定义为在单位时间内,颗粒作用于单位面积材料表面所切削掉的材料质量。国外 Finnie 早在 20 世纪 60 年代初就试验研究了固粒对材料表面的磨损,得出了磨损率不仅与材料本身的物性有关,而且与磨料的物性有关的结论。对大部分材料而言,磨损率与碰撞角度和速度之间有如下关系:

$$E = kV_1^n f(\gamma_1)$$

(5.16)

式中:E——无因次量,表示磨损量;

　　　k——随粒子形状改变而改变的参数(作用在粒子上的垂直力分量与水平力分量之比);

　　　V_1——颗粒碰撞速度;

　　　$f(\gamma_1)$——无因次函数,表示碰撞角度的作用;

　　　n——指数,一般在 2.3～2.5 之间,依材料而定。

本章参考文献

[1] 孙一坚,沈恒根. 工业通风[M]. 4 版. 北京:中国建筑工业出版社,2010.

[2] 景涛,肖业俭,周志安,等. 基于测试的烟气循环烧结工艺[J]. 中国冶金,2016,26(09):42-47.

[3] 李兴义,卢静,包文琦,等. 烧结机尾除尘改造[J]. 山东冶金,2011,33(3):54-55.

[4] 王树民,张翼,刘吉臻. 燃煤电厂细颗粒物控制技术集成应用及"近零排放"特性[J]. 环境科学研究,2016,29(09):1256-1263.

[5] 王冬军,路春美,李慧敏. 脉冲袋式除尘技术进展及其寿命影响因素分析[D]. 济南:山东大学,2009.

[6] 朱发华. 袋式除尘技术的发展及其在燃煤电厂烟气处理的应用[J]. 中国电力,2002,35(8):56-59.

[7] 李萌萌. 基于 CFD 对袋式除尘器流场的数值模拟分析[D]. 武汉:武汉科技大学,2010.

[8] 刘培生. 多孔材料引论[M]. 北京:清华大学出版社,2004.

[9] 贝尔. 多孔介质流体动力学[M]. 李京生,陈崇希,译. 北京:中国建筑工业出版社,1983.

[10] 刘芳. 多孔介质与流体空间交界面滑移效应及其影响机理[D]. 济南:山东大学,2011.

[11] 张华杰. 填充多孔介质圆管中振荡流动特性研究[D]. 武汉:华中科技大学,2019.

[12] 刘兴成,沈恒根,吕维宁,等. 电解铝用袋式除尘器滤料的试验研究[J]. 环境工程,2015,33(11):67-71.

第 6 章　数值模拟技术在烟气净化吸收中的应用

SO₂ 主要是含硫矿物燃料(煤和石油)的燃烧产物,在金属矿物的焙烧、毛和丝的漂白、化学纸浆和制酸等生产过程中亦有含 SO_2 的废气排出。人长期接触 SO_2 会诱发多种疾病,在 SO_2 高浓度环境中会呼吸困难,甚至死亡[1]。SO_2 进入大气后与空气中的粉尘、氧气、水等发生化学反应,形成酸雨,会对植物、土壤、水体、建筑、钢铁、铜铝等造成严重的腐蚀破坏,对植物的危害也尤为严重。

6.1　烟气脱硫工艺简述

烧结工艺中 SO_2 排放量占到钢铁企业 SO_2 排放量的 $50\%\sim60\%$[2],因此在生产过程中需要采用有效的脱硫方法及工艺,降低 SO_2 的排放,减少工业生产对人类与环境的危害。烟气脱硫技术按照脱硫过程中是否有水参与反应和脱硫产物的干湿形态,可分为干法脱硫技术、湿法脱硫技术和半干法脱硫技术[3]。

1. 干法脱硫技术

干法脱硫技术是指应用粉状或粒状碱性吸收剂、吸附剂或催化剂与烟气中的 SO_2 发生反应,以此除去烟气中的硫化物。干法脱硫技术主要分为氧化钙法脱硫技术、电子照射法脱硫技术和 NID(novel integrated desulphurization)脱硫技术。

2. 半干法脱硫技术

半干法脱硫技术的反应过程含有气、固、液三相物质,具体是液态的碱性浆液与烟气接触发生酸碱中和反应,与此同时,浆液中的水分利用烟气的热量蒸发、干燥,最终得到干粉状产物。半干法脱硫技术主要包括循环流化床脱硫、半干半湿法脱硫、粉末-颗粒喷动床脱硫、喷雾干燥法脱硫、烟道喷射脱硫等[4]。该技术流程简单、工作场所占地面积小、前期投资少以及脱硫产物为干态,无废水排放,并且喷雾干燥在脱硫过程中使用的是液相的浆液与烟气发生反应,因此喷雾干燥脱硫技术具有很高的脱硫效率。

3. 湿法脱硫技术

湿法脱硫技术是指在烟道的末端、除尘器之后采用液体或浆状的碱性物质为吸收剂,在含湿状态下对烟气中的 SO_2 进行脱硫处理的技术。湿法脱硫技术采用的化学原理是利用碱性液体中和吸收烟气中的酸性物质 SO_2。在运行过程中,将碱性的浆液从塔中喷淋而下,与烟气中的 SO_2 进行吸收和反应。烟气与浆液经过脱硫反应后,脱硫副产物存在于浆液中,以此达到除

去烟气中 SO_2 的目的。湿法脱硫技术按照吸收剂的不同,主要分为镁基法、双碱法、钙基法、氨法和海水脱硫法等[5]。

6.2 基于数值模拟的旋转喷雾干燥技术参数优化

旋转喷雾干燥技术(spray dry absorption,SDA)为一种半干法脱硫技术,其工作原理是,在脱硫塔内雾化轮高速旋转产生强大的离心力,液相石灰浆液被雾化为具有微米级尺度的雾滴[6]。雾滴被均匀地喷入塔内反应区后,与烟气中的 SO_2 快速吸收中和。与此同时浆液通过吸收烟气中的热量蒸发达到干燥状态,雾化、吸收和干燥过程迅速完成。当脱硫完成后,尾气通过除尘器去除未反应的 CaO 和 $CaSO_4$ 外,烧结烟气已经能够达到国家污染物排放标准,通过烟囱排出脱硫塔。在吸收塔和除尘器的底部可以收集大量的粉末,这些粉末采用资源化方法处理后可再利用。

6.2.1 应用需求分析

使用喷雾干燥烟气脱硫技术时,由于液态的浆液与塔壁长时间接触,部分浆液不断地黏附在塔壁,形成结垢、黏灰问题,影响塔内气流分布和烟气的分配,阻碍浆液与烟气的充分接触,从而使脱硫效率降低。同时,结垢后的频繁清灰使脱硫过程不能连续稳定地运行。所以,为了解决塔内结垢和脱硫效率降低的问题,采用数值模拟技术对塔内的气流状态进行故障诊断并优化运行参数,包括:

(1)脱硫塔塔内结构优化,即在进气口增设阻流板,通过调整阻流板的宽度,改变烟道的烟气分配比例,研究不同烟气分配对结垢量的影响规律,得到最优宽度。

(2)脱硫塔内运行参数优化,研究不同雾滴直径和烟气温度对雾滴蒸发和运动轨迹的影响,减少塔壁面上的结垢量,得到最优的雾滴直径和烟气温度,解决脱硫过程中的结垢现象。

6.2.2 脱硫塔几何模型

脱硫塔主要分为环形烟道、烟气出口、圆柱体反应区和圆锥体沉降区等部分。脱硫塔的核心设备是雾化器、烟气分配器、上方烟气进口叶片。脱硫塔直径为 18.8 m,脱硫塔的高度为 15.0 m,总高为 40 m,如图 6.1 所示[7]。

脱硫塔部分结构具体尺寸如下:

(1)烟气入口长为 8.9 m,宽度为 6.8 m,进口面积为 60.5 m^2。

(2)出口长为 6 m,宽度为 6 m,出口面积为 36 m^2。

(3)脱硫的喷射模型采用的是雾化轮,雾化轮上分布有 12 个喷射口,8 个开放,4 个封闭。

(4)在烟气的下方入口设置复合式烟气分配器,这种烟气分配器由低碳钢制作,其烟气分配器通常采用屋脊式。处理烧结烟气的喷雾干燥塔由屋脊式烟气分配器和中心部分组成。

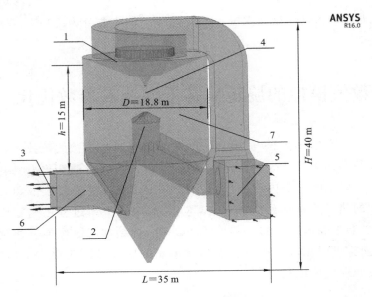

图 6.1 脱硫塔几何模型

1—上方烟气进气叶片；2—下方烟气分配器；3—烟气出口；4—雾化轮；5—烟气入口；6—监控点 1；7—监控点 2

6.2.3 数学物理模型

烟气与浆液在塔内的流动过程是三维、不可压缩、气液两相流动的，伴随有液相蒸发和化学反应的传热传质过程。对脱硫塔内流动和传热的数学物理模型，有以下假设：

● 假定整个脱硫塔壁为绝热壁面，与外界没有热量交换，脱硫塔内对流换热仅在烟气与脱硫剂浆滴之间进行。

● 在模拟过程中忽略塔内喷嘴、喷雾器各种管道和支架构件对烟气流动和传热的影响。

● 忽略烟气中尘粒对浆滴的影响；视浆液为稀相、等直径球形，固体颗粒均匀分散在浆液表面；不考虑浆滴在塔内运动过程中浆滴之间的相互摩擦和碰撞所造成的能量损失。

● 当浆液吸收剂与烟气发生化学反应时，该反应为不可逆化学反应，并忽略烟气中的 CO_2 对化学反应的影响。

（1）紊流模型：喷雾干燥脱硫塔内烟气流动处于紊流状态，上下烟道烟气混合后会产生旋涡。因此本实验使用 RNG $k\text{-}\varepsilon$ 模型。

（2）多相流模型：采用气液两相流模型、欧拉-拉格朗日方法。

（3）液体雾化模型：SDA 脱硫塔采用的是离心雾化方法雾化雾滴，浆液通过雾化轮进行旋转喷射。离心机转速和压力的大小，决定着浆液的雾滴直径和进入脱硫塔时的初始速度。在忽略雾化轮形状对雾滴的影响时，根据经验公式得到雾化器雾化直径的方程表达式：

$$d_p = 98.5 \frac{1}{N} \sqrt{\frac{\sigma}{R_p}} \qquad (6.1)$$

式中：d_p——雾滴直径，m；

R——雾化轮半径，m；

ρ——液滴密度，kg/m³；

σ——液滴表面张力系数，N/m；

N——雾化轮转速，r/min；

浆液进入脱硫塔的初始速度：

$$v = NR \tag{6.2}$$

（4）液滴蒸发传热模型：当浆液从雾化器喷射出来后，浆液通过吸收烟气中的热量，被加热到水分蒸发的平衡温度时，颗粒的热量全部用于水分蒸发。其中，水分蒸发速度可表示为

$$v = \frac{-hA(T_g - T_p)}{L_w} \tag{6.3}$$

式中：h——浆液颗粒和液滴与气流的传热系数，m/s；

A——浆液颗粒或液滴的外表面积，m²；

T_g、T_p——环境和浆液的温度，℃；

L_w——汽化潜热，kJ/kg。

其中球形颗粒及液滴存在以下关系：

$$A = 4\pi r_i^2 \tag{6.4}$$

$$M_p = \frac{4}{3}\pi r_i^3 [\beta\rho_c + (1-\beta)\rho_w] \tag{6.5}$$

式中：β——浆液颗粒中固体成分的体积份额；

M_p——颗粒或液滴的质量，kg；

ρ_c、ρ_w——浆液颗粒中固体成分和水分的密度，kg/m³。

将式（6.2）、式（6.3）代入式（6.1），可得水分蒸发使浆液颗粒粒径减小的速率

$$v_b = \frac{dr_i}{dt} = \frac{(T_g - T_p) \cdot h}{L_w \rho_w} \tag{6.6}$$

6.2.4　化学反应生成物的计算模型

1. 化学反应

SO_2 的吸收过程主要分为以下步骤：SO_2 气相扩散、SO_2 在水膜内的吸收、水膜内 SO_2 电离、离解的酸性离子由水层到反应界的传递、反应界内离子的反应。在模拟化学反应的过程中，SO_2 与 $Ca(OH)_2$ 反应实质是发生酸碱中和反应并放热，生成硫酸钙和水。反应方程如下：

$$SO_2 + Ca(OH)_2 \rightarrow CaSO_4 + H_2O \tag{6.7}$$

在酸碱中和反应过程中，化学反应理论上是一个钙离子和一个硫酸分子的离子的反应，反应的计量比为 1：1。但是实际过程中受浆液表面蒸发干燥、反应后期不同离子的浓度过低、反应不充分等因素影响，实际反应过程中为满足生产需求，$Ca(OH)_2$ 的反应计量要高于 SO_2，此处采用化学计量比为 1.2：1。

2. 反应源项的设定

模拟化学反应传热与反应热时，首先设置反应主要发生的区域，然后通过 CCL 编写反应

项和热源项的加载程序。化学反应物质的量的变化由式(6.8)定义,其右边表示用于酸溶液输运方程的质量源项。方程的左边由瞬变流、对流和扩散项组成。

$$d\frac{\partial}{\partial t}(\rho m f_{acid}) + div(\rho D_A div m f_{acid}) = -4\rho\frac{\varepsilon}{k}\min\left(m f_{acid}\frac{m f_{alkali}}{i}\right) \tag{6.8}$$

式中:t——时间,h;

$\quad U$——速度,m/s;

$\quad \rho$——变组分混合物的局部密度,kg/m³;

$\quad d$——混合物中酸溶液的质量分数;

$\quad m f_{acid}$——酸溶液通过混合物的运动扩散系数;

$\quad m f_{alkali}$——碱溶液通过混合物的运动扩散系数;

$\quad D_A$——碱溶液与酸溶液按质量分数的化学计量比。

化学反应过程中反应的速率 R 为

$$R = \frac{4\rho\varepsilon}{k} \tag{6.9}$$

在化学反应过程中会产生热量,因此反应过程中热能大小与反应速度相关,热源项 H 为

$$H = \frac{4\rho\varepsilon}{k}\min\left(m f_{acid}\frac{m f_{alkali}}{i}\right) \tag{6.10}$$

6.2.5　网格划分

采用 ANSYS ICEM 进行网格划分,分为 34 个部分。主要部件为进出口、烟道、分流板、烟道阻流板、烟气分配器、雾化轮、上方烟道叶片等。整体采用四面体非结构网格,在雾化轮的喷射孔、烟气分配器及叶片局部采用加密四面体网格,对模型进行加密,提高计算的精确度。网格模型如图 6.2 所示。

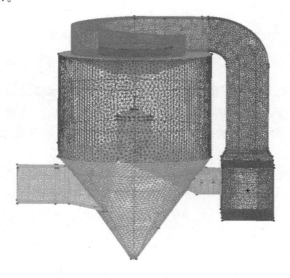

图 6.2　脱硫塔网格模型

6.2.6　边界条件

（1）物性参数：烟气中的主要成分是空气和 SO_2。浆液成分为 $20\%Ca(OH)_2$、80% 水，混合密度为 1250 kg/m^3。将烟气看作是不可压缩流体，不考虑烟气中的其他成分对反应的影响。

（2）进口条件：烟气进口速度为 6.88 m/s，烟气温度为 130 ℃。

（3）出口条件：通过对脱硫塔运行过程中现场测量得到出口压力为 −1000 Pa。

（4）壁面条件：壁面、塔、底面采用粗糙壁面，粗糙度为 0.046（钢的粗糙度）。当雾滴还处在液相与墙壁接触时，假定其水平和竖直方向的速度变为 0；当雾滴与塔壁接触前达到干燥状态时，墙壁与水蒸气和空气的接触时表现为光滑壁面，不影响原有流场的流动。

（5）雾滴喷射参数：雾化轮转速为 10000 r/min，喷射浆液雾滴直径为 30～70 μm，每个喷射口的质量流量为 1.2 kg/s。

6.2.7　化学反应关键步骤设置

本实验数值模拟的主要内容是模拟 SDA 脱硫塔内 SO_2 与 $Ca(OH)_2$ 发生酸碱中和反应，以下是使用 Ansys CFX 模拟化学反应的具体步骤。

（1）创建反应材料。右键单击模型树节点 Materials→Insert→Material，如图 6.3 所示。

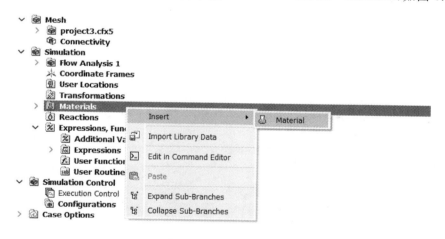

图 6.3　创建 Material

（2）定义材料属性。在弹出的 Material：acid 对话框中，按图 6.4 所示进行设置。acid 为创建的反应物。

（3）导入 CCL 文件加载反应公式。点击展开模型树节点 Simulation→Expressions，Functions and Variables，右击 Expressions，再点击 Import CCL，即导入了 CCL 文件，如图 6.5 所示。

（4）创建反应域模拟化学反应。点击展开模型树节点 Simulation→Flow Analysis 1，右键

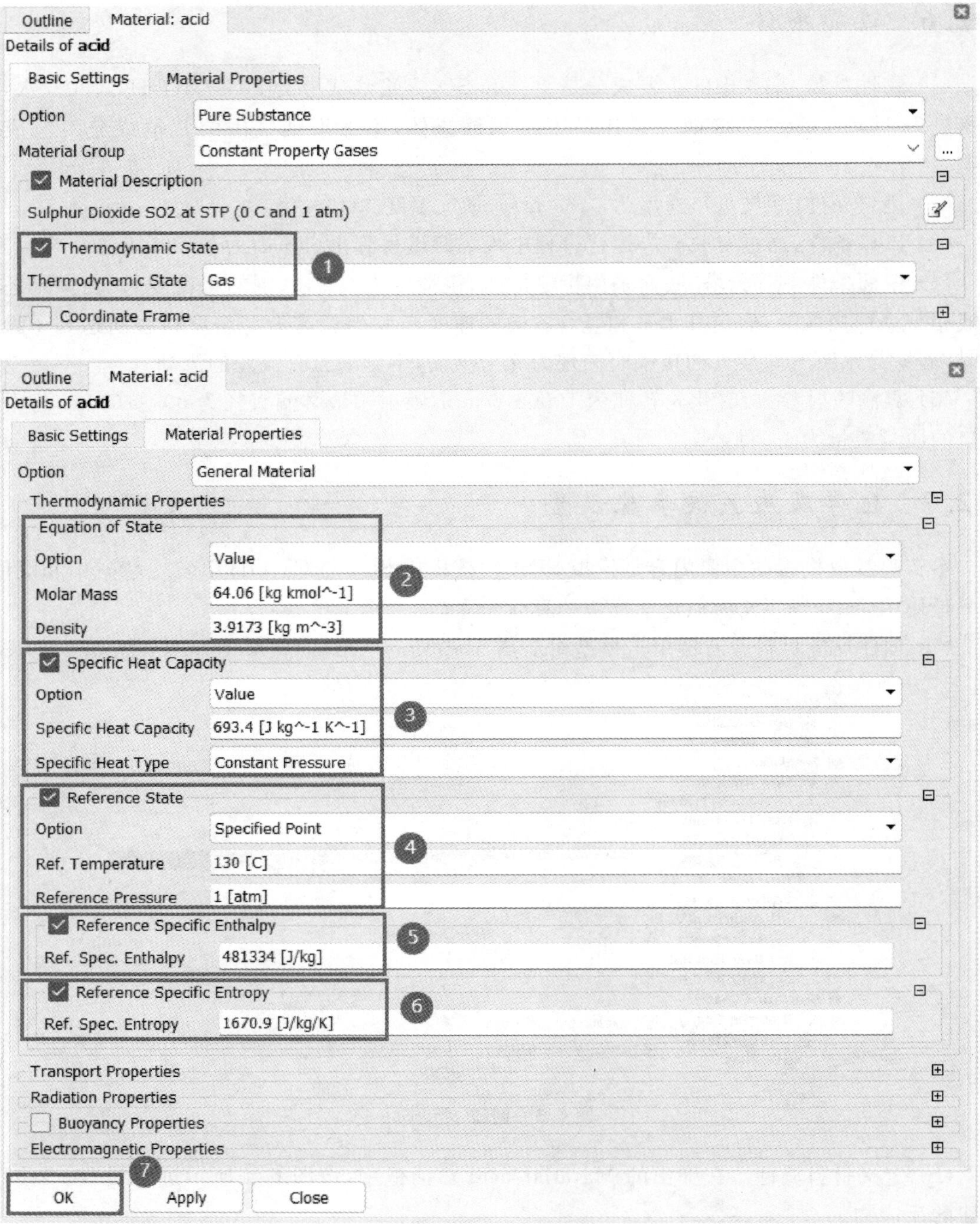

图 **6.4** **定义** Material

点击 Domain，在弹出的快捷菜单中选择 Insert→Subdomain 如图 6.6(a)所示，弹出 Subdomain：Subdomain1 对话框中，进行如图 6.6(b)(c)所示的设置。Subdomain1 为创建的反应域。

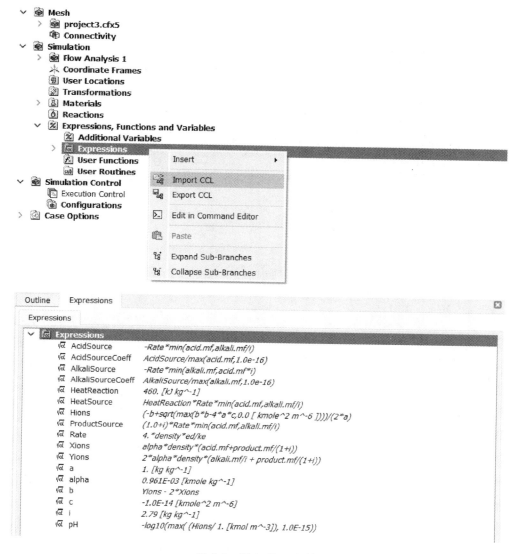

图 6.5　导入 CCL 文件

6.2.8　计算结果分析

6.2.8.1　SDA 脱硫塔内结构优化

在烟气脱硫的过程中，存在上下烟道烟气分配不均、核心反应区烟气与浆液接触不充分的现象。所以此处在上方烟道的烟气进口设置阻流板(见图 6.7)，改变原有的烟气分配比例，进而改变烟气流场，使上下烟气与浆液接触更加充分，增加反应和蒸发时间，避免含湿浆液与塔壁接触结垢。因此，设置阻流板宽度从 1650 mm 到 2450 mm，以 200 mm 为一个工况，系统地研究不同宽度的阻流板对烟气分配及浆液结垢的影响。

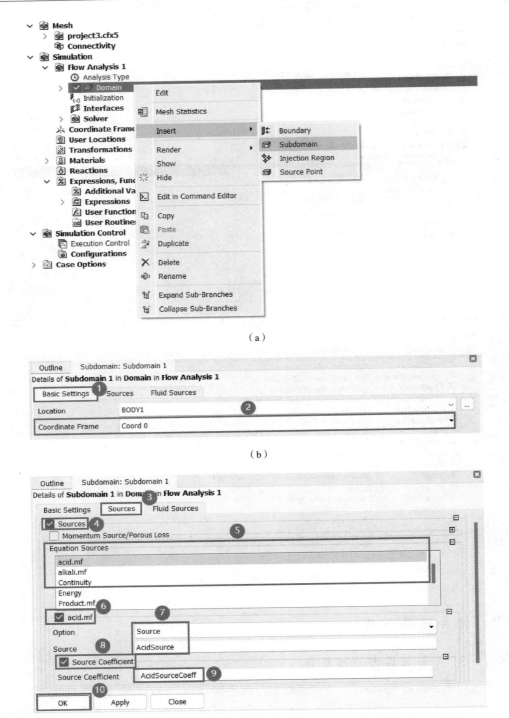

（a）

（b）

（c）

图 6.6　创建反应域

图 6.7 中,1 为烟气入口阻流板,在此处设置阻流板可以调节上下烟道的烟气分配量。

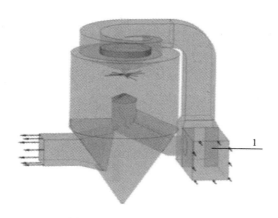

图 6.7　烟气阻流板位置图

1. 阻流板宽度对脱硫塔内流场的影响

在脱硫塔内,漩涡的产生可以增加烟气在塔内的驻留时间,从而增加脱硫的反应时间,并且还能提高浆液对烟气中热量的利用效率,有利于反应后期浆液的蒸发干燥。

图 6.8 所示为不同阻流板宽度时,脱硫塔内烟气的流线图(仅列部分工况)。从图中看出,阻流板可以有效调节上、下烟道流量分配的比例,形成不同的流场。随着阻流板宽度的增加,下烟道流量增加,塔内流动漩涡增多,气液接触时间延长。

通过观察图 6.8 可以看出,当阻流板宽度超过 2250 mm 时,上烟气分配器的烟气量减少,由于下方烟气量的进一步增加,此时下方烟气将上方烟气顶到塔内顶部然后再往下流动,使得烟气混合不均,反而降低了脱硫反应的接触时间与传热时间,导致浆液与塔壁接触时,容易结垢,进而降低整个脱硫塔的脱硫效率。

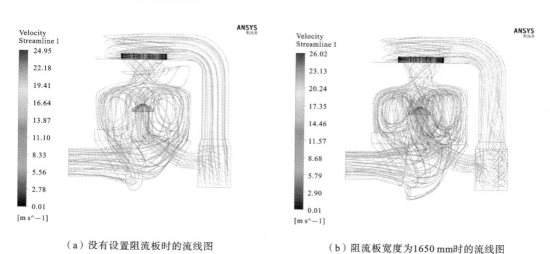

　　（a）没有设置阻流板时的流线图　　　　　　　（b）阻流板宽度为1650 mm时的流线图

图 6.8　不同阻流板宽度对流线的影响

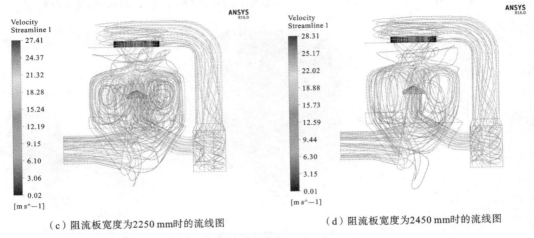

（c）阻流板宽度为2250 mm时的流线图　　　　　　（d）阻流板宽度为2450 mm时的流线图

续图 6.8

2. 阻流板宽度对结垢量的影响

在 ANSYS CFX 后处理中对塔内生成物在塔内壁上做质量分数云图,结果如图 6.9 所示。

将生成物质量分数图与烟气流线图对比,通过分析得到,在不设置阻流板时,产生结垢的主要原因分为两个方面:① 上方烟道烟气量过大,塔内上方烟气与下方烟气混合后,烟气流场向下倾斜,导致浆液跟随烟气流向直接被甩在塔壁上,然后因为受到重力影响,浆液向下滑移,并不断吸收塔壁的热量,进一步干燥结垢。② 塔内涡层少,浆液对烟气热量的利用效率不高,在浆液喷射出来到与塔壁接触前未达到干燥状态,最终导致结垢。

通过观察图 6.9(b)可以看出,当阻流板宽度为 1650 mm 时,设置阻流板后相对 6.9(a)的结垢情况有所改善。

图 6.9(c)所示当烟气在阻流板宽度为 2250 mm 时结垢量,此时结垢量最低,是一种比较

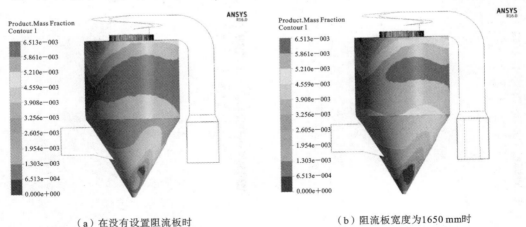

（a）在没有设置阻流板时　　　　　　　　　　　（b）阻流板宽度为1650 mm时

图 6.9　不同阻流板板宽度对结垢量的影响

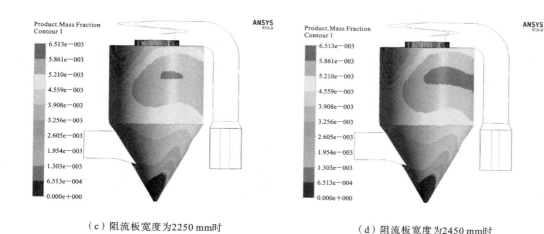

（c）阻流板宽度为 2250 mm 时　　　　　　　　　（d）阻流板宽度为 2450 mm 时

续图 6.9

适合生产的工况。当阻流板不断增大到 2450 mm 时（见图 6.9（d）），由于下方的烟气量增大，导致烟气接触时下方速度过大，反而阻碍了塔内涡层的产生，此时的结垢量比阻流板宽度为 2250 mm 时有所增加。因此，在烟气分配比接近 2250 mm 时，脱硫塔内结垢量最小，适合生产的进行。

对脱硫塔内化学反应进行仿真，得到不同阻流板宽度对烟气分配比例、结垢量和脱硫效率具体值，如表 6.1 所示。

表 6.1　阻流板不同宽度时的烟气分配比和结垢量

阻流板宽度/mm	0	1650	2050	2250	2450
上下烟道烟气分配比	0.45∶0.55	0.43∶0.57	0.41∶0.59	0.40∶0.60	0.38∶0.62
脱硫效率/（%）	91.71	93.43	96.22	96.79	94.62
结垢量（kg/m³）	36.0703	31.8014	29.1568	28.5883	29.7477

6.2.8.2　SDA 脱硫塔运行参数优化

浆液的雾滴直径和烟气温度对脱硫塔内的脱硫效率和浆液结垢都是重要的影响因素。当雾滴直径过小时或烟气温度过高时，浆液的蒸发时间会缩短，导致化学反应中浆液与烟气没有得到充分接触，降低了整个脱硫塔的脱硫效率。雾滴直径过大时或烟气温度过低时，浆液会随着烟气的流动被甩到塔内壁上，黏附在塔壁上结垢。

1.　不同直径雾滴运动轨迹

浆液的蒸发速度直接影响到脱硫塔内脱硫效率，下面针对不同雾滴直径的蒸发和运动过程进行数值模拟，得到 30～70 μm 的雾滴运动轨迹，如图 6.10 所示。图中标尺代表了粒子直径大小的变化。所以，轨迹的变化即代表了雾滴在运动过程中的粒径变化。通过计算可以发现，在雾滴潜热、密度、进口烟气温度、浆液温度、传热系数不变的情况下，随着雾滴直径的增加，将导致浆液的蒸发时间增加。

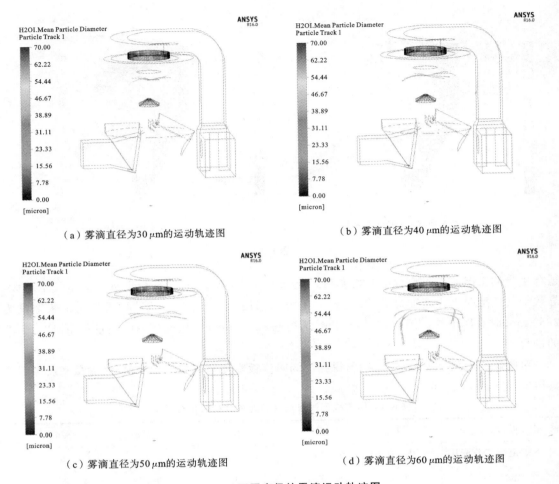

（a）雾滴直径为30 μm的运动轨迹图　　　　（b）雾滴直径为40 μm的运动轨迹图

（c）雾滴直径为50 μm的运动轨迹图　　　　（d）雾滴直径为60 μm的运动轨迹图

图 6.10　不同直径的雾滴运动轨迹图

在研究中发现 SO_2 分子充分供给雾滴表面时,总雾滴表面积的变化在脱硫过程中起主导作用,当浆液的雾滴直径太小或蒸发的速度太快时,SO_2 分子就不能充分地转移到雾滴表面。多余的钙吸附剂在雾滴中干燥,从而降低了脱硫效率。

图 6.10(a)中雾滴直径为 30 μm 时,其蒸发时间为 0.55 s 左右。通过观察雾滴的运动轨迹可以发现,浆液雾滴迅速达到干燥状态。因此,在雾滴直径为 30 μm 时,脱硫效率较低。

图 6.10(b)中浆液雾滴的直径为 40 μm,此时与 30 μm 时相比,由于雾滴直径的增加,导致雾滴蒸发所需的时间延长,计算得到浆液的蒸发时间为 0.72 s 左右,浆液还是处于快速蒸发状态。

图 6.10(c)中浆液的雾滴直径为 50 μm,从图可以看出,与雾滴直径为 30～40 μm 浆液相比,轨迹图中轨迹长度明显增加,刚好与塔内壁接触前达到了干燥状态,此时浆液的蒸发时间为 0.9 s 左右。由此表明,在雾滴直径为 50 μm 时,延长了浆液与烟气的反应时间,同时避免了含湿的浆液与内壁接触而结垢。

图 6.10(d)中浆液雾滴直径为 $60\,\mu m$,由于雾滴直径的增加,浆液的蒸发时间为 $1.1\,s$ 左右,通过运动轨迹图可以看出在浆液雾滴与塔内壁接触时尚未达到干燥状态,液相的浆液与塔内壁接触后,容易黏附在壁面上结垢。

2. 雾滴直径对脱硫效率的影响

在计算过程中,通过耦合化学反应,得到不同雾滴直径下,生成物质量分数云图,如图6.11所示。

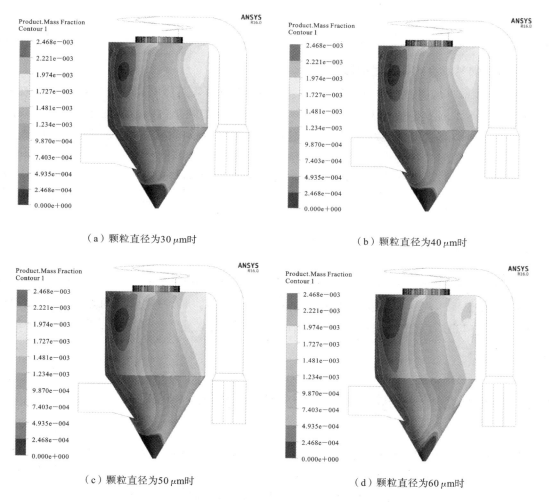

（a）颗粒直径为30 μm时　　　　（b）颗粒直径为40 μm时

（c）颗粒直径为50 μm时　　　　（d）颗粒直径为60 μm时

图 6.11　不同雾滴直径对结垢量的影响

通过对比图 6.11(a)~(c),可以看出当雾滴直径小于 $50\,\mu m$ 时,生成物质量分数云图相似。这是由于浆液的雾滴直径小,在同样的边界条件下,浆液雾滴的蒸发时间短,雾滴在与塔壁接触前达到干燥状态。因此,雾滴直径小于 $50\,\mu m$ 时的结垢量较小。

图 6.11(d)所示为雾滴直径增加到 $60\,\mu m$,从生成物质量分数云图上可以看出,结垢量明显增加。这是由于浆液雾滴直径增大,导致浆液在与塔壁接触前仍未达到干燥状态,液态的浆

液与塔壁接触后容易黏附在塔壁上,形成结垢。

当计算完成后,通过计算得到进出口的 SO_2 浓度和脱硫塔除去 SO_2 的量,进而得到了不同雾滴直径对脱硫效率的影响,如表6.2所示。

表 6.2　不同雾滴的蒸发时间和脱硫效率

	30 μm	40 μm	50 μm	60 μm	70 μm
蒸发时间/s	0.55	0.72	0.9	1.1	1.26
脱硫效率/(%)	81.3	87.5	95.5	97.0	97.5
结垢量/(kg/m³)	18.72	20.13	24.11	29.6	35.77

3. 进口烟气温度对结垢量的影响

通过改变烟气的进口温度,可以改变雾滴的蒸发时间,从而影响到脱硫塔内的脱硫效率。对温度为110～150 ℃的烟气进行气液两相流计算,分析不同烟气温度对脱硫塔内反应的影响。通过与前述相似过程的数值计算得到不同烟气温度对脱硫内浆液的脱硫效率,如表6.3所示。

表 6.3　不同烟气温度对脱硫效率及结垢量的影响

	110 ℃	120 ℃	130 ℃	140 ℃	150 ℃
蒸发时间/s	1.26	1.1	0.9	0.72	0.55
脱硫效率/(%)	92.13	94.5	95.5	93.71	91.56
结垢量/kg	35.72	29.13	24.11	20.6	17.77

所以,要根据不同的烟气温度,通过调整雾化轮的转速,从而改变浆液的雾滴直径,使脱硫塔内化学反应与雾滴蒸发达到一种恰当的平衡,既保证脱硫反应效率又降低生产过程中的结垢量。

6.3　基于数值模拟的氨法脱硫"氨逃逸"控制

目前烧结烟气的脱硫使用最广泛的技术为湿法脱硫技术,其中氨法脱硫技术具有反应速率快、吸收剂利用率高、脱硫效率高、原料来源丰富和副产品价值高等优点[8]。另外脱硫过程中形成的亚硫铵对氮氧化物也具有还原作用,所以氨法脱硫的同时也可实现脱硝的目的。氨法脱硫技术符合我国的国情,满足环保的要求,具有广阔的发展前景。

氨法脱硫实质是气液两相之间相互传质传热并发生化学反应的过程,主要的反应原理如式(6.11)～式(6.15)所示:

$$SO_2 + H_2O + 2NH_3 = (NH_4)_2SO_3 \tag{6.11}$$

$$(NH_4)_2SO_3 + SO_2 + H_2O = 2NH_4HSO_3 \tag{6.12}$$

$$NH_4HSO_3 + NH_3 = (NH_4)_2SO_3 \tag{6.13}$$

$$(NH_4)_2SO_3 + 1/2O_2 = (NH_4)_2SO_4 \tag{6.14}$$

$$2(NH_4)_2SO_3 + 2NO = 2(NH_4)2SO_4 + N_2 \tag{6.15}$$

由上述反应可以看出,式(6.12)为吸收 SO_2 的主要反应,整个脱硫反应中,$(NH_4)_2SO_3$ 对 SO_2 的吸收起主要作用[9]。随着反应的进行,$(NH_4)_2SO_3$ 浓度会逐渐下降,NH_4HSO_3 浓度逐渐上升。为了保持脱硫循环液的吸收能力,需向浆液池中注入氨水使 NH_4HSO_3 转化为 $(NH_4)_2SO_3$。浆液中的 $(NH_4)_2SO_3$ 浓度升高后,为了避免生成的 $(NH_4)_2SO_3$ 重新分解成 SO_2,$(NH_4)_2SO_3$ 被氧化风机鼓入的氧化空气强制氧化为 $(NH_4)_2SO_4$。由于气态二氧化硫、氨气和水反应生成的 $(NH_4)_2SO_3$ 悬浮物容易导致气溶胶的形成。因此,在整个反应过程中,需将浆液中 $(NH_4)_2SO_3$ 和 NH_4HSO_3 的比例控制在合适的范围内,以保证氨法脱硫系统的脱硫效率和减少出口"氨逃逸"量。

6.3.1　应用需求分析

6.3.1.1　"氨逃逸"形成原因分析

从目前氨法脱硫工程实际运行情况来看,此项技术存在的瓶颈主要是白烟和硫铵逃逸问题比较严重。硫铵的逃逸导致吸收塔附近构筑物发生严重腐蚀,形成安全隐患。同时影响了脱硫塔周围区域居民的生产、生活环境。此外还降低了硫酸铵产量,造成了严重的经济损失。"氨逃逸"主要有两种途径:一是挥发氨随烟气逃逸到大气中,二是硫酸铵以气溶胶的形式随烟气逃逸,后者是"氨逃逸"的主要形式。

"氨逃逸"形成原因主要有以下几个方面[10]。

(1)工艺原因,由于入口气体的温度偏高,烧结烟气的温度可达到140℃左右,加之氨水挥发性强,容易导致氨水挥发,挥发量受氨水浓度、烟气温度、气体流速等因素的影响。

(2)操作参数设置的影响,为此,国内外学者为寻找氨法脱硫工艺的最佳工艺参数做了大量的研究工作,主要包括烟气流速、液气比(L/G)、吸收液浓度、吸收液 pH 值和进口 SO_2 浓度等方面。

(3)吸收塔气流分布不均的影响,氨法脱硫系统在实际工程应用中,由于受烟气入口速度高、入口角度、位置和塔径等因素的影响,容易造成气流分布不均的问题。烟气流在吸收塔内分布不均,导致烟气难以与喷淋液充分接触,严重影响气液两相传质,既降低了吸收液利用率又降低了脱硫效率。

(4)除雾器除雾效率不高的影响。氨法单塔脱硫系统常用的除雾器为带倒钩的波纹板除雾器,由于该除雾器的除雾效率不高,导致硫铵液滴易随烟气带出塔外。

6.3.1.2　"氨逃逸"控制方案

(1)通过合理控制液气比(L/G)、吸收液浓度、吸收液 pH 值和进口 SO_2 浓度等工艺参数,以达到降低气溶胶颗粒生成的目的。在实际工程应用中,需综合考虑脱硫效率和控制"氨逃逸"形成两方面因素,采用数值模拟的方法,根据现场条件,寻找最佳操作参数。

(2)针对吸收塔内气流分布不均的问题,提出在塔内加装气流均布板的优化方案,并设计了一种新型的倒 V 形气流分布板用于吸收塔气流均布,并对两种气流均布板产生的流场进行数值模拟,评估气流均布效果。

(3) 除雾器除雾效果的好坏也是影响出口烟气含湿量的主要因素,高效的除雾器能将绝大部分粒径较大的雾滴去除,从而降低出口烟气夹带的水量和硫酸铵量。提出一种新型的余弦形除雾器,并对该除雾进行数值模拟优化,以期达到提高除雾效率、降低硫铵逃逸水平的目的。

这里主要针对方案(2)和(3)来说明数值模拟在"氨逃逸"控制中发挥的作用。

6.3.2 吸收塔内倒 V 形气流分布板效果数值模拟

6.3.2.1 几何模型

本模拟简化后的模型如图 6.12 所示,烟气沿入口烟道进入吸收塔内,在上升过程中先通过倒 V 形气流均布板,再依次经过 2 个喷淋层。倒 V 形气流均布板安装在离入口顶部 2.13 m 处,倒 V 字形气流均布板往上每隔 2 m 设置一层喷淋层,每层设置 108 个喷嘴,两喷淋层之间的夹角为 20°。脱硫浆液由喷淋层的喷嘴引入,并与烟气逆流接触,经过洗涤之后的烟气进入除雾器去除雾滴,吸收 SO_2 之后的喷淋液下落至浆液池。由于主要考虑的是吸收塔内加装倒 V 形气流均布板后对吸收段烟气流场的影响,对吸收塔做出物理上的简化,未考虑浆液池以及喷淋层上部的除雾器的影响,计算区域选为浆液池以上至烟气出口处。

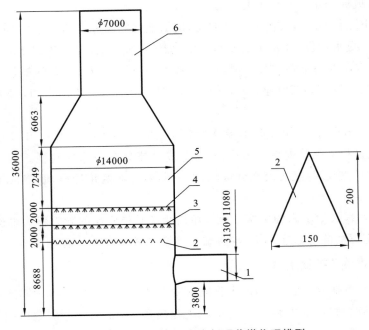

图 6.12 倒 V 形气流分布板吸收塔物理模型

1—烟气入口;2—倒"V"字形气流分布板;3—第一层喷淋层;4—第二层喷淋层;5—吸收塔本体;6—烟气出口

为了分析不同开孔率的倒 V 形气流均布板对吸收塔气流均布的影响,本模拟设计的开孔率分别为 40%、50% 和 60% 的倒 V 形气流均布板,同时为了更好地起到气流均布的作用,其排列方式根据空塔未加喷淋下横截面方向的烟气速度分布情况,烟气速度高的区域开孔率低,靠近入口处的开孔率高。

6.3.2.2　数学物理模型

对于吸收塔和除雾器的多相流模拟,目前常用的是 k-ε 模型,标准 k-ε 模型用于强旋流或带有弯曲壁面的流动时会出现一定的失真,而 RNG k-ε 模型在大尺度运动和修正后的黏度项体现小尺度的影响,具有更高的可信度和精度[11]。吸收塔和除雾器内的流动是三维湍流流动,由于湍流的复杂性,此处湍流模型选择 RNG k-ε 模型。

由于氨法脱硫系统中,不管是吸收塔还是除雾器的模拟,其颗粒相所占气相的体积分数远低于 10%,故将气相作为连续相,液相作为离散相考虑,本模拟采用欧拉-拉格朗日方法。

6.3.2.3　边界条件

(1) 假设烟气在入口烟道截面上均匀分布且流动速度相等,进气方向与烟道轴线平行;
(2) 将浆液池简化为固体壁面,忽略浆液池的液面温度对吸收段温度的影响;
(3) 将吸收塔壁面、入口烟道壁面以及多孔板视为绝热壁面;
(4) 考虑到在理想状况下的气体流动参数与时间无关,因此视气流流动为定常流动;
(5) 喷淋液的出口速度、温度、喷射角度及液滴粒径等均与氨法吸收塔现场实际情况相符。

模拟中用到的参数如表 6.4 所示。

表 6.4　模拟参数设置

项目	数值	项目	数值
吸收塔本体高度/m	100	浆液的喷淋温度/K	328
塔径/m	$\phi14$	单层喷嘴数量/个	108
总计算区域高度/m	36	单个喷嘴流量/(m³/h)	50
处理烟气量/(m³/h)	1623042	喷射角度/(°)	90
入口尺寸(宽×高)/m	11.08×3.13	喷嘴雾化粒径/mm	2
出口尺寸/m	$\phi7$	喷淋层数量/层	2
FGD 入口温度/K	411	层间距/m	2
出口烟气相对压力/Pa	0	喷淋液降落速度/(m/s)	6

本节示例采用了 DPM 模型,将喷嘴喷出的液滴视为离散相。在 Ansys CFX 中,喷嘴的设置步骤如图 6.13 所示。首先创建一个 Injection,如图 6.13(a) 所示,然后在弹出的 Set Injection Properties 对话框中,进行图 6.13(b)(c) 所示的设置。wall-out1 为喷嘴口,user-liquid 为自定义的脱硫浆液。

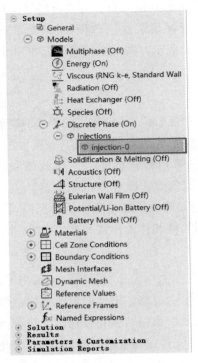

（a）

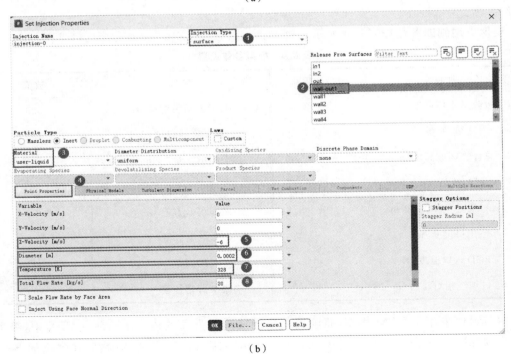

（b）

图 6.13　喷嘴设置

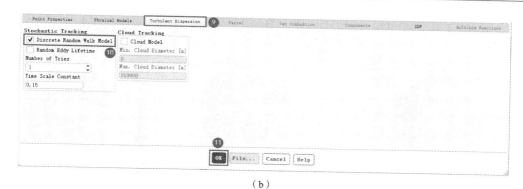

（b）

续图 6.13

6.3.2.4　计算结果分析

1. 吸收塔内气流速度均布性分析

对吸收塔内分别对加装开孔率为 40%、50% 和 60% 的倒 V 形气流分布板进行模拟。其纵截面方向的速度矢量图、气流均布板以上 0.5 m 处的速度分布云图和纵截面方向的温度云图如图 6.14、图 6.15 所示。为分析吸收塔加装不同形式的倒 V 形气流分布板后塔内气流的波动情况，每种形式的吸收塔分别取气流分布板以上 0.5 m、1.0 m、1.5 m、2.0 m 处四个横截面，各个横截面的速度标准偏差如表 6.5 所示。

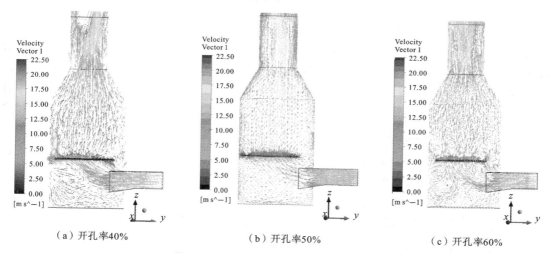

（a）开孔率40%　　　　　（b）开孔率50%　　　　　（c）开孔率60%

图 6.14　纵截面方向的速度矢量图对比

如图 6.14～6.15 所示，由于倒 V 形气流均布板可以对气流进行有效整流，安装气流均布板后，虽然靠近浆液池附近还存在小漩涡，但脱硫塔内气流均布效果明显，吸收段的高速区基本消失，总体气速基本在 6 m/s 以下，各截面的速度分布更加均匀。表 6.5 为各横截面的标准速度偏差，加装倒 V 形气流均布板后，由于倒 V 形气流均布板的气流均布作用，各横截面的标准速度偏差均有不同程度的减小，其中装开孔率 50% 倒 V 形气流均布板产生的速度偏差可减小到 1.1 左右，塔内气流更加均匀、稳定。

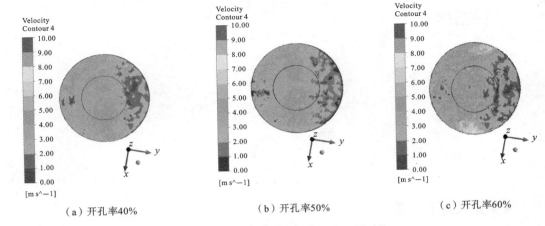

（a）开孔率40%　　　　　　（b）开孔率50%　　　　　　（c）开孔率60%

图 6.15　横截面方向的速度分布云图对比

表 6.5　各横截面的速度标准偏差

安装形式	开孔率 40%	开孔率 50%	开孔率 60%
气流均布板以上 0.5 m 处	1.137	1.092	1.249
气流均布板以上 1.0 m 处	1.161	1.089	1.227
气流均布板以上 1.5 m 处	1.192	1.115	1.384
气流均布板以上 2.0 m 处	1.187	1.172	1.370

　　对比装 3 种不同开孔率的倒 V 形气流均布板的烟气流场,随着布置倒 V 形气流均布板的开孔率增大,横截面的速度高速区有所增加。与装开孔率为 60% 气流均布板的情况相比,装开孔率为 40% 和 50% 气流均布板的横截面速度分布相对均匀,能更好地起到气流均布的效果。由于装开孔率 40% 的倒 V 形气流均布板靠近浆液面处的速度较高,不但影响气液两相的传质和传热,而且容易引起烟气从浆液面带水导致出口处的含湿量增大。安装开孔率为 50% 的倒 V 形气流均布板后,塔内气流分布最为均匀且流场相对稳定,浆液面处的气体速度小,对控制烟气从浆液面处带水起到一定的作用。

　　流场的均匀分布可使气液两相接触面积增加,有利于相间传质,喷淋浆液的利用效率和脱硫效率都得到提高。气速的降低不仅增加了气液接触时间,有利于气液两相充分反应,而且有利于生成的气溶胶颗粒凝结长大,大颗粒更容易被除雾器捕集。从除雾器方面来说,塔内气流均布有利于除雾器正常发挥作用。气流分布不均时,远离吸收塔入口一侧的除雾器的负荷大于靠近入口一侧的除雾器,长期运行下来容易导致结垢和堵塞。塔内气流速度偏差较大时,气速小的区域导致除雾效果下降;流速偏高,超出除雾器允许的范围时,容易导致二次带水,使除雾器的除雾能力下降。因此,塔内流场均布可提高除雾效率,有效减少烟囱出口带浆液量。

2. 吸收塔内温度场分析

　　图 6.16 为吸收塔引入二层喷淋后纵截面方向的温度分布情况,由于吸收塔内气液两相的热量传递主要以对流传热为主,塔入口处的烟气温度较高,随着气液两相传热的进行,温度迅

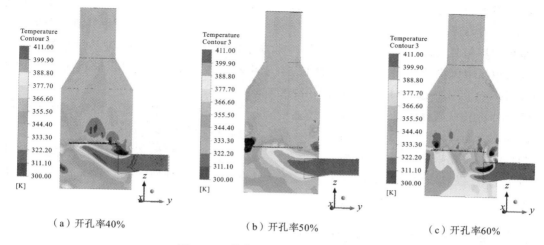

（a）开孔率40%　　　　　　（b）开孔率50%　　　　　　（c）开孔率60%

图 6.16　纵截面方向的温度云图对比

速下降。由于入口到第一层喷淋之间的区域接触时间较短,温度仍然较高,喷淋层以上区域的温度基本达到稳定。由图 6.16(a)可知,空塔时,由于烟气主要集中在吸收塔远离入口一侧,导致远离入口一侧的温度高于另一侧。如图 6.16(b)(c)所示,加装倒 V 形气流均布板后,吸收塔吸收段的温度分布相对均匀且有所降低,其中加装开孔率为 50% 和 60% 倒 V 形气流均布板的温度分布较均匀。氨法脱硫系统中,温度分布的改善有利于气液两相传热,气液两相吸收段温度过高不但容易导致氨水挥发而形成气溶胶,而且吸收 SO_2 形成的产物在温度较高的烟气中会蒸发而析出固态晶粒,不利于 SO_2 的吸收。

3. 吸收塔内压力场分析

为分析加入倒 V 形气流均布板后塔内压力场的变化,计算得出吸收塔压降对比图如图 6.17 所示,压降的计算公式为 $\Delta p = p_{进口} - p_{出口}$。

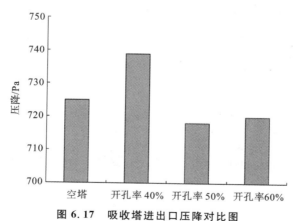

图 6.17　吸收塔进出口压降对比图

由图 6.17 可知,引入二层喷淋后,塔内压差增大到 700 Pa 以上,吸收塔内产生的压力主要来自于气液两相逆流接触产生。烟气速度较高时,液滴对烟气的作用力大;烟气流量较大的区域的动能大和势能都较大。烟气进入塔内后,将动能一部分传递给了液滴,一部分则转化为势能导致压力升高。由于倒V字形气流分布板具有整流作用,加装倒V字形气流分布板后烟气分布更加均匀且气速降低,降低了气液传质阻力,除装开孔率为40%的倒V字形气流分布板造成塔内压降偏高外,加装开孔率时的压差与空塔时基本一致。由此可以说明,吸收塔内加装倒V字形气流分布板后对整个系统的压降影响较小。

综合分析吸收塔内加装开孔率为40%、50%和60%的倒V字形气流分布板时的速度场、温度场和压力场,以装开孔率50%的倒V字形气流分布板时效果较为理想。

与传统的多孔板相比,倒V字形气流分布板具有布置方式灵活、不易结垢堵塞、喷淋冲击力小等优点,在吸收塔内合理布置倒V字形气流分布板可实现对烟气的有效整流,为氨法脱硫系统气流均布提供了一种新的形式。

6.3.3 除雾器结构优化数值模拟

6.3.3.1 几何模型

余弦形除雾器的结构示意图如图6.18所示,波纹板除雾器的结构示意图如图6.19所示。

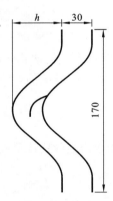

图6.18　余弦形除雾器结构示意图

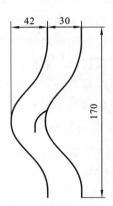

图6.19　波纹板除雾器结构示意图

6.3.3.2 数学物理模型

由于除雾器通道内为具有强旋及弯曲流动的气液两相流,选取RNG k-ε 紊流模型进行流场模拟,并对气液两相进行双向耦合计算。采用颗粒轨道模型追踪颗粒相的流动,运用拉格朗日方法进行积分求解。

颗粒尺寸分布用Rosin-Rammler分布描述[12],颗粒 $d(\mu m)$ 与质量分数 R 之间存在如下关系:

$$R = \exp[-(d/d_e)^\gamma] \tag{6.16}$$

式中:d——液滴粒径;

d_e——质量分数 $R=1/e$ 时的液滴粒径,即中位径,这里取 $d_e = 40\ \mu m$;

γ——衡量液滴分散性的一个参数,γ 值越小表示液滴粒径的分散度越大,对于喷雾状液滴来说,γ 值取 $1.5\sim3$ 之间,本模拟中取 $\gamma=2$。

除雾器的除雾效率是指被捕集的水的体积分数与除雾器入口水的体积分数之比,设除雾器进口的水的体积分数为 a,出口的水的体积分数为 b,则除雾器的效率为 $\eta=\dfrac{a-b}{a}$,从而得到各个工况下的除雾效率。除雾器压降的计算公式为 $\Delta p=p_{进}-p_{出}$。

6.3.3.3 计算条件

本模拟基于以下假设:

* 由于进入除雾器通道内的气流速度较小,将进入除雾器内的气体视为不可压缩性气体处理;

* 考虑到在理想状况下的气体流动参数与时间无关,因此视除雾器内气流流动为定常流动。

* 将壁面设为捕集类型,不考虑液滴反弹和二次带水等,触及壁面就被捕集。

模拟计算工况如表 6.6 所示。

表 6.6 计算工况

计算参数	计算取值
板间距/mm	30
气流速度 v/(m/s)	4
液滴粒径	Rosin-Rammler 分布
除雾器形状	余弦曲线
弯曲宽度 h/mm	30、40、50、60、70
高度/mm	170
倒钩长度/mm	30
液滴质量流量/(kg/s)	0.072
出口压力/Pa	0

6.3.3.4 计算结果分析

1. 宽度优化模拟

为分析除雾器的弯曲宽度对除雾效率及压降的影响,本模拟采用余弦曲线建立波纹板叶片模型,并设计了 30 mm、40 mm、50 mm、60 mm、70 mm 五种弯曲宽度的除雾器。在建模过程中,除雾器倒钩长度在 30 mm 左右,除雾器倒钩的样式、安装位置、偏离位移基本保持不变,不同弯曲宽度下的除雾器速度分布云图、除雾器颗粒运动轨迹图如图 6.20、图 6.21 所示。同时,为了定量分析其除雾效率及压降的变化,不同弯曲宽度对除雾器效率及压降对比图如图 6.22 所示。

如图 6.20 所示,通过不同弯曲宽度的除雾器的速度云图对比可以看出,除雾器速度变化最大的位置位于倒钩处,由于除雾器倒钩处的流通面积急剧减小,导致倒钩左侧的烟气速度显

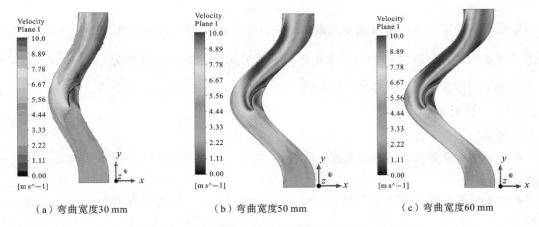

（a）弯曲宽度30 mm　　　　（b）弯曲宽度50 mm　　　　（c）弯曲宽度60 mm

图 6.20　不同弯曲宽度下的除雾器速度分布云图对比

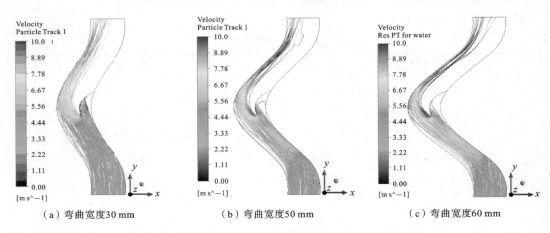

（a）弯曲宽度30 mm　　　　（b）弯曲宽度50 mm　　　　（c）弯曲宽度60 mm

图 6.21　不同弯曲宽度下的除雾器颗粒运动轨迹图对比

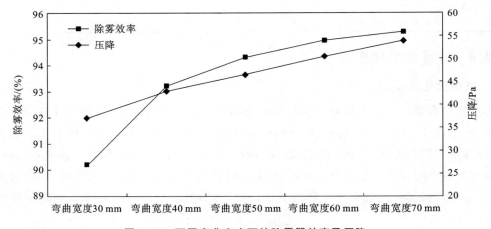

图 6.22　不同弯曲宽度下的除雾器效率及压降

著增大,且弯曲宽度越大速度变化越明显,除雾器出口处的速度分布越不均匀。由图 6.21 可知,由于惯性离心力的作用,液滴主要在倒钩处及拐弯处的左壁面被捕集,且被捕集的液滴主要位于进口的两侧。

由图 6.22 可知,余弦形除雾器的压降和除雾效率的变化曲线随弯曲宽度的增大基本呈直线上升趋势,且弯曲宽度越大除雾效率越高,同时压降也随之增大。其中弯曲宽度为 70 mm 的余弦形除雾器的除雾效率可达到 95% 以上,压降也达到 55 Pa 以上。由图可知,弯曲宽度太小导致除雾器的效率较低;但弯曲宽度过大不但导致系统压降增加,而且使除雾器出口处的速度分布越来越不均匀,除雾器内侧左上角的速度达到 10 m/s 以上。压降增大导致整个系统的阻力增加,不但造成系统能耗升高,而且烟气在通道内运动的阻力也随之增大。同时也增加了除雾器清洗难度,容易结垢造成堵塞。弯曲宽度为 50 mm 时,除雾效率可达到 94.3%,压降为 46.5 Pa。综合考虑除雾效率及压降,以弯曲宽度为 50 mm 的余弦形除雾器效果较为理想。

2. 倒钩长度优化模拟

本模拟在弯曲宽度为 50 mm 的余弦形除雾器的基础上将倒钩长度逐步减小 4 mm,设计了 26 mm、22 mm 和 18 mm 三种不同规格的倒钩长度,并对余弦形除雾器内设有三种不同长度的倒钩进行了数值模拟,其工艺参数设置与不同弯曲宽度的余弦形除雾器模拟一致。不同倒钩长度的除雾器颗粒运动轨迹图及烟气流线图如图 6.23、图 6.24 所示。同时为定量分析其除雾效率及压降的变化,不同优化方案对除雾器效率及压降对比图如图 6.25 所示。

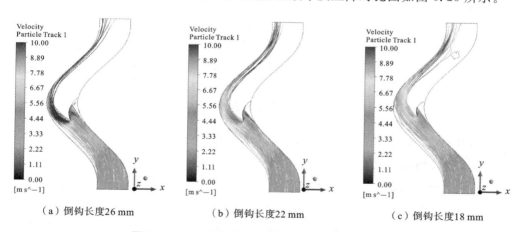

　　（a）倒钩长度 26 mm　　　　　（b）倒钩长度 22 mm　　　　　（c）倒钩长度 18 mm

图 6.23　不同倒钩长度的雾器颗粒运动轨迹图对比

由图 6.23、图 6.24 可知,随着倒钩长度的减小,通道内的气流速度分布情况越来越均匀,且通道内产生的旋涡也减少。由图 6.25 可知,倒钩的长度减小后,除雾器的除雾效率和压降水平都有所降低。倒钩长度为 26 mm 时,除雾效率为 97%,但压降仍较高,达到 75 Pa;倒钩长度为 22 mm 时,除雾效率为 96.0%,压降为 59.3 Pa。与倒钩长度为 26 mm 时相比,除雾效率降低 1%,但压降降低了 15.5 Pa。由于倒钩长度为 18 mm 时的长度太短,虽然造成的系统压降只有 41 Pa,但除雾效率比倒钩长度为 22 mm 时下降了 2.7%,因此综合考虑除雾器的除雾效率及压降,倒钩长度为 22 mm 时的效果较理想。除雾器通道内的速度分布情况有所改

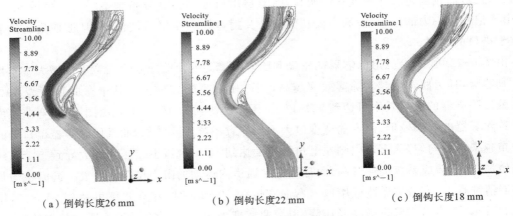

（a）倒钩长度26 mm   （b）倒钩长度22 mm   （c）倒钩长度18 mm

图6.24　不同倒钩长度的除雾器烟气流线图对比

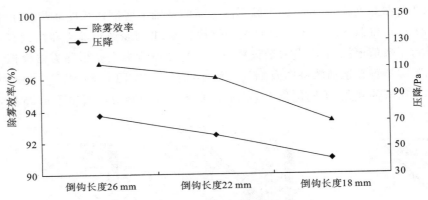

图6.25　不同倒钩长度的除雾器效率及压降对比图

善,且产生的漩涡明显减少,但其出口处的速度分布情况仍不理想。

3. 通道内增设挡板

为了使倒钩长度22 mm的余弦形除雾器出口处速度分布更加均匀且进一步提高除雾效率。本模拟在倒钩长度22 mm的余弦形除雾器通道左上侧增设一块小挡板,安装位置离除雾器出口处55 mm。模拟工艺参数设置与不同弯曲宽度的余弦形除雾器模拟一致,除雾器速度分布云图、除雾器颗粒运动轨迹图和烟气流线图如图6.26所示,模拟计算得出除雾效率为96.5%,压降为60.6 Pa。

如图6.26所示,在倒钩左上侧增加一块挡板后,烟气流的运动方向发生改变,在挡板处形成第二个高速区,除雾器左侧出口处的高速区消失。烟气流向的改变不但增加了烟气的扰动情况,而且增加了烟气的流通面积,反而使出口处的速度分布情况更加均匀,最高速度降低到10 m/s以下。与原倒钩长度为22 mm时的余弦形除雾器相比,增加挡板后,部分液滴在挡板处被拦截,除雾器的除雾效率可达到96.5%,提到了0.5%;除雾器的压降只增加了1 Pa,压降水平满足工业要求,效果较为理想。

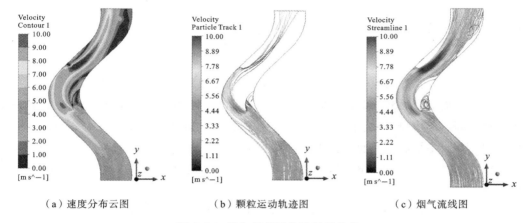

（a）速度分布云图　　　　　（b）颗粒运动轨迹图　　　　　（c）烟气流线图

图 6.26   增加挡板后的除雾器流场

6.4   本章知识清单

6.4.1   酸碱中和化学反应的实现

通过对流动中的化学反应进行数值模拟,可优化反应器的设计、提高反应率和降低成本等优点。本章通过数值模拟技术模拟了酸碱中和反应,主要步骤有以下 3 点:

（1）创建多组分流体,该流体包含化学反应的反应物和产物以及中性载液,并定义其材料属性。

（2）确定化学反应相关参数。首先确定化学计量比（在中性 pH 情况下,完全反应的酸溶液与碱溶液的质量比）,然后需对反应源项进行设置,模拟化学反应传热和反应热。最后确定化学反应速率。

（3）创建反应域模拟化学反应,指定发生化学反应的区域。

6.4.2   气液相变过程的实现

自然界中很多物质都是以固、液、气三种聚集态存在着,并且不断地相互转变。物质的这种聚集态称为相,不同相之间的相互转变称为相变。相变是十分普遍的过程,在生产和科学技术的各个部门中（如热力过程、冶金工业、化学工业、气象工程等等）都广泛地涉及各种相变过程。本章案例包含了离散相液滴的蒸发过程,设置步骤为:在 Injection 设置界面设置颗粒类型为 Droplet（液滴）,然后在 Evaporating Species（蒸发组分）下选定由蒸发与沸腾定律确定的气相组分。

本章参考文献

[1] 郝吉明,马广大.大气污染控制工程[M].2版.北京:高等教育出版社,2002.

[2] 巩磊,邓平,周雄豪.烧结烟气脱硝工艺和适用性分析[J].山东冶金,2018,208(2):47-49.

[3] 于树斌,陈胜,苏俊峰.烧结烟气脱硫的发展[J].冶金设备,2018,242(2):78.83.

[4] 贺亮,张少峰.半干法烟气脱硫技术研究现状及进展[J].天津化工,2007,21(2):18-20.

[5] 武春锦,吕武华,梅毅,等.湿法烟气脱硫技术及运行经济性分析[J].化工进展,2015,34(12):4368-4374.

[6] 饶志军.旋转喷雾技术及其机电系统的研究[D].天津:天津大学,2005.

[7] MEI D,SHI J,ZHU Y,et al.Optimization the operation parameters of SDA desulfurization tower by flow coupling chemical reaction model[J].Polish Journal of Chemical Technology,2020,22(1):35-45.

[8] 徐长香,傅国光.氨法烟气脱硫技术综述[J].电力环境保护,2005(2):17-20.

[9] GAO X,DING H L,DU Z.Gas － liquid absorption reaction between $(NH4)_2SO_3$ solution and SO_2 for a mmonia-based wet flue gas desulfurization[J].Applied Energy,2010,87:2647-2651.

[10] 张英.单塔氨法脱硫"氨逃逸"控制研究[D].武汉:武汉科技大学,2014.

[11] YIN M,SHI F,XU Z.Renormalization group based k-ε turbulence model for flows in a duct with strong curvature[J].International Journal of Engineering Science,1996,34(2):243-248.

[12] 王霄,闵健,高正明,等.脱硫吸收塔除雾器性能的实验研究和数值模拟[J].环境工程学报,2008,2(11):1529-1534.

第7章 数值模拟技术在通风防疫中的应用

一个人每天要呼吸22000多次,每天至少要与环境交换10000多升气体[1]。社会发展到今天,人们90%以上的时间都是在室内度过的,衣食住行都离不开室内环境。然而,建筑材料、室内装修装饰材料、家具、家电与办公器材等含有的挥发性有机物会造成室内环境的污染,随着建筑物、交通工具的密闭性越来越好,主动的通风换气便显得尤为重要。如果不及时通风,会导致室内氧气含量低,易引发脑缺氧,继而出现头昏、头晕等症状,容易引发呼吸系统和神经系统等疾病;还会导致室内甲醛、煤气、油烟等毒雾不能及时排出,进而危害人体健康。据世界卫生组织统计,与空气污染有关的现代社会人类疾病占疾病种类的80%,每年全世界与室内空气污染密切相关的死亡人数多达2400万人。因此,良好的室内通风条件是室内空气环境舒适、人员身心健康的重要保障。

近年来,流感、严重急性呼吸系统综合征(SARS)等呼吸道传染性疾病的爆发威胁着人类的健康。与室外环境相比较,相对封闭的室内环境感染传染性病毒的可能性更大,飞沫传输已经被证明是人与人之间呼吸道疾病传播的主要途径。在密闭空间中,空气流通不畅,导致人体呼出的携带病毒的飞沫在室内环境中的悬浮时间更长,使暴露于这种环境的人更容易被病毒感染[2]。通风对携病毒飞沫的传输有显著影响,对于降低室内空气传播风险具有重要作用,被认为是防控传染性病毒传播的重要措施之一,利用通风气流阻隔携病毒飞沫的传输、降低室内病毒飞沫的浓度可减小室内人员感染风险。

7.1 应用需求分析

公共汽车作为最受欢迎的交通工具之一,给人们的出行带来了极大便利。但公共汽车具有人流量大、人员密度大以及空气流通不畅等显著特点,这使得公共汽车环境中通风不足和过度拥挤成为常态。有报道指出,新型冠状病毒在装有空调的密闭车厢中的传输距离可以达到4.5 m,且病毒可在空气中飘浮至少30 min,最终导致车内人员传染发病[3]。

飞沫是呼吸系统疾病传染的主要介质。人体呼出携病毒飞沫的直径为微米量级,用肉眼无法清楚地进行识别。可采用数值模拟技术对公共汽车内飞沫的传输进行深入研究,探究呼出飞沫空间分布的规律,提出相应的通风管理策略来改善车内空气品质,进而降低公共汽车内人员的感染风险。

若采用真实的公共汽车进行实验,不仅耗时耗能,而且对研究场地、实验设备等多方面条件有着很高的要求,很难做到灵活掌控环境变量,得出的结论具有干扰性。而采用数值模拟的方法研究公共汽车内环境不仅可以缩短研究周期并节省实验成本,还能控制单一变量,较好地模拟出公共汽车内环境,在经济性和适用性方面拥有明显的优势。因此,基于数值模拟的方法对公共汽车内环境进行深入研究能够得到全面且准确的结论。

7.2 通风原理与飞沫传输

室内通风是指把室内污浊的空气直接或净化后排至室外,再把新鲜的空气补充进去,从而保持室内的空气环境符合卫生标准。流感、SARS 及新型冠状病毒肺炎等疾病的病原体会附着在人体产生的飞沫粒子上,通过人体说话、咳嗽、喷嚏等从口腔和鼻腔排出,随着周围气流一起运动,通过口腔、呼吸道等方式侵入人体,导致人体感染。所以,控制室内气流的流动方向和速度,巧妙利用气流的屏障作用,能有效阻断飞沫传输。

7.2.1 机械通风简述

室内通风分为自然通风和机械通风,其中,自然通风是利用自然风压、空气温度差、密度差等对室内进行通风;机械通风是依靠风机提供的风压、风量,通过管道和送、排风口系统将室外新鲜空气或经过处理的空气送到室内的通风方法[4]。机械通风可以根据实际情况,通过调节装置改变风量的大小、通风的角度,自主确定通风效果,还可以将室内受到污染的空气及时排至室外,或者送至净化装置处理合格后再予排放。机械通风分为全面通风和局部通风两种形式[5]。全面通风是对整个房间进行通风换气,用送入室内的新鲜空气把整个房间里面的有害物质浓度稀释到卫生标准的允许浓度以下,同时把室内被污染的污浊空气直接或经过净化处理后排放到室外大气中去。局部通风是指利用局部气流,使局部地点不受污染,形成良好的空气环境。

7.2.2 飞沫传输风险评估

携带病毒的飞沫在封闭空间的传输是一个动态过程,这导致车内乘客的感染风险会随时间变化,因此,研究乘客感染风险时间变化特征及车内人员感染风险空间分布对及时排查密切接触者并进行精准防控具有重要意义。在新冠疫情的大背景下,国内外研究者大多基于SARS-CoV-2 病毒的 quanta 值计算采用 Wells-Riley 模型来评估人员的感染风险。

1955 年,Wells 首次提出了"quanta"的概念,quanta 即一个假设性感染剂量单位,1 个 quanta 表示 1 个人达到致病量的病原体的最低数量。1978 年,Riley 等人认为平均感染概率服从 Poison 分布(即吸入 1 个 quanta 的病原体有 63.2% 的感染概率),故基于 Wells 提出的 "quanta",Riley 等人建立了可用于评估病毒粒子感染风险的 Wells-Riley 模型,如式(7.1)所示。

$$P = \frac{C}{S} = 1 - e^{-\frac{Iqpt}{Q}} \qquad (7.1)$$

式中：P——易感者的感染风险；

$\quad\ C$——感染病例的数量；

$\quad\ S$——易感者的数量；

$\quad\ I$——感染者的数量；

$\quad\ p$——易感者的呼吸率，m^3/s；

$\quad\ q$——感染者的量子产生率，$quanta/s$；

$\quad\ t$——暴露时间，s；

$\quad\ Q$——室外供气率，m^3/s。

该模型假设在感染期间房间内的空气完全混合且病原体浓度均匀，没有传染性病毒的生物衰变和因过滤或沉积而消除传染性颗粒。随着人们对传染病感染风险的关注加深，国内外研究者对 Wells-Riley 模型进行了不同形式的修正。修正方法主要包括引入相关参数以及修正人员吸入浓度。

Wells-Riley 模型是基于房间内空气充分混合的假设，但是在带有个性化通风的公共汽车中，空气混合不均匀，不同座位处的通风效率存在差异且与时间相关。因此在本实验中，对于不同座位处乘客的感染风险，Q 应当修正为座位供气率 $Q_1(t')$。暴露时间 t 修正为乘客接触到携病毒飞沫的时长，即：

$$t = \int_{t_0}^{t'} \mathrm{d}t \tag{7.2}$$

式中：t_0——飞沫沉积到乘客身上的前一秒的时间，s。

最终修正的 Wells-Riley 模型如下：

$$P = 1 - \mathrm{e}^{\frac{Iqp\int_{t_0}^{t'}\mathrm{d}t}{Q_1(t')}} \tag{7.3}$$

式中：P——易感者的感染风险，$P=0$ 即未被感染，$P>0$ 即存在感染风险被感染；

$\quad\ I$——感染者的数量，I 取值为 1；

$\quad\ q$——新冠感染者的量子产生率，q 取值为 $48\ quanta/h$；

$\quad\ p$——易感者的呼吸率，p 取值为 $9.7\times10^{-5}\ m^3/s$；

$\quad\ Q_1(t')$——t' 时刻座位处的供气率，m^3/s。

7.3　公共汽车内飞沫传输过程数值模拟

公共汽车大部分时间处于运行状态，此时车门处于关闭状态且乘客保持静止，以运行状态下的公共汽车为研究对象，运用数值模拟的方法对公共汽车内人员咳嗽时的流场进行分析。在使用计算流体动力学的方法对流场进行分析计算时，首先应建立研究对象的几何模型，然后应当依据流体力学、传热学、热力学等领域的平衡方程或守恒方程，选择或建立求解过程中用到的基本方程和理论模型。随后，建立计算模型，划分网格，确定计算域，并给出模型的各项边界条件（包括进口、出口、壁面等）。建立模型之后选择合适的数学模型及其相应初始数值，完成对运算方程完整的数学描述,即可进行求解[6]。

7.3.1 公共汽车几何模型的建立

选择车型为 ZK 的公共汽车内空间为计算域,应用 Ansys SCDM 18.0 建模软件建立尺寸为 9.996 m×2.3 m×2.5 m(长×宽×高)的公共汽车几何模型[7-9],模型如图 7.1 所示,其中乘客 4A、4B、4C、4D 是爱心座位处的老年乘客。由于在乘坐公共汽车时,乘客出于下车方便的考虑多聚集在公共汽车后门,因此为了更好地分析咳嗽飞沫在公共汽车内的传输和分布,将后门处的站立乘客 3D 定为感染源。

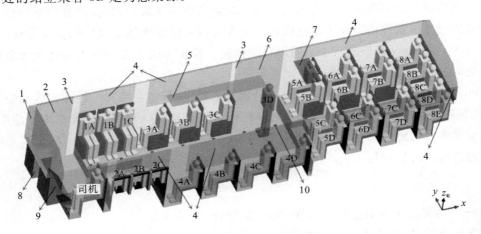

图 7.1 公共汽车内计算域模型

7.3.2 网格划分

在进行数值模拟计算之前,考虑到计算结果与时间的问题,应用 Ansys ICEM 18.0 进行网格划分,并对人体头部、缝隙等位置的网格进行加密,生成符合质量要求(最低质量在 0.3 以上)的非结构性网格。网格划分如图 7.2 所示。

为排除网格数量对计算结果的影响,需进行网格无关性验证。在顶部送风口速度为 0.6 m/s 的条件下,对五种不同网格数量的模型进行模拟,通过增加网格密度将网格数量分为 156×10^4、175×10^4、231×10^4、262×10^4 和 401×10^4。当网格数量达到 231 万(全局网格比例为 2,全局网格尺寸为 0.04 m)后,车门缝隙出口的空气流动速度逐渐平稳,两个监测点的温度也不再波动,继续增加网格数量对计算结果的影响较小,综合考虑计算的准确度与计算时间,本模拟计算选择网格数量为 231 万的网格模型。

7.3.3 公共汽车中飞沫传输数学物理模型

飞沫为含有少量固体小颗粒的小液滴,其粒径 97% 在 0.5~12 μm,水分完全蒸发后约为 1 μm,由于蒸发时间短,研究时可以将其蒸发时间忽略不计。因此此模拟考虑的是粒径为

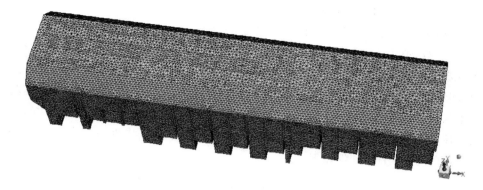

图 7.2　公共汽车的网格划分

1 μm 的咳嗽飞沫颗粒物，飞沫随室内空气的运动可以看做气体中夹带有固体颗粒物状态下的流动，因此将飞沫颗粒物随气流的流动视为气固两相流的流动。飞沫核扩散运动会随时间变化，则对其进行瞬态模拟。在飞沫核扩散过程中，公共汽车内部的气流遵循湍流状态下质量守恒方程、动量守恒方程、能量守恒方程。

流体主要分为层流和湍流，其中湍流以脉动速度场为特征，主要由速度变化引起，并出现在速度变化的地方。这种波动混合了例如动量、能量和物种浓度等多种传输量，并导致了传输量的波动。在数值模拟计算中，Realizable k-ε 模型与标准 k-ε 模型和 RNG k-ε 模型相比，实现了对雷诺应力的数学约束，使流动更符合湍流的物理定律，可以准确地预测平面射流、圆形射流的扩散速率，能够运用于包括室内污染物的流动等各种不同类型的流动模拟。因此，采用 Realizable k-ε 模型来模拟公共汽车中的流场。

在 Realizable k-ε 模型中，k 和 ε 的输运方程如下：

湍动能 k 方程：

$$\frac{\partial(\rho k)}{\partial t}+\frac{\partial(\rho u k)}{\partial x}+\frac{\partial(\rho v k)}{\partial y}+\frac{\partial(\rho w k)}{\partial z}=\left(\mu+\frac{\mu_{\mathrm{t}}}{\sigma_k}\right)\left(\frac{\partial^2 k}{\partial x^2}+\frac{\partial^2 k}{\partial y^2}+\frac{\partial^2 k}{\partial z^2}\right)+G_k-\rho\varepsilon \tag{7.4}$$

耗散率 ε 方程：

$$\frac{\partial(\rho\varepsilon)}{\partial t}+\frac{\partial(\rho u\varepsilon)}{\partial x}+\frac{\partial(\rho v\varepsilon)}{\partial y}+\frac{\partial(\rho w\varepsilon)}{\partial z}=\left(\mu+\frac{\mu_{\mathrm{t}}}{\sigma_\varepsilon}\right)\left(\frac{\partial^2 k}{\partial x^2}+\frac{\partial^2 k}{\partial y^2}+\frac{\partial^2 k}{\partial z^2}\right)+\rho C_1 E\varepsilon-\rho C_2\frac{\varepsilon^2}{k+\sqrt{v\varepsilon}}$$

$$\tag{7.5}$$

其中，μ_{t}、C_1、η、E 的计算公式如下：

$$\mu_{\mathrm{t}}=\rho C_\mu\frac{k^2}{\varepsilon} \tag{7.5a}$$

$$C_1=\max\left[0.43,\frac{\eta}{\eta+5}\right] \tag{7.5b}$$

$$\eta=E\frac{k}{\varepsilon} \tag{7.5c}$$

$$E=\sqrt{2E_{ij}E_{ij}} \tag{7.5d}$$

式中：σ_k——k 的 Prandtl 数，值为 1.0；

σ_ε——ε 的 Prandtl 数,值为 1.2;

G_k——由平均速度梯度而产生的湍流动能;

C_2——常数,值为 1.9。

飞沫可视为离散的粒子即离散相,故采用离散相模型模拟飞沫的运动。Fluent 提供的离散相模型(DPM 模型)包括随机轨道模型、颗粒群模型两种。其中随机轨道模型是将颗粒当作离散的一系列具有代表性的轨道,适用于模拟污染物的扩散。在研究中,由于飞沫的运动具有较强的随机性,因此此模拟采用了随机轨道模型。飞沫的受力包括飞沫自身重力、拖曳力、浮力和热泳力,其作用力平衡方程如下:

$$\frac{d(m_d u_{d,i})}{dt} = F_{g,i} + F_{d,i} + F_{s,i} + F_{t,i} \tag{7.6}$$

式中:m_d——飞沫的质量,kg;

$u_{d,i}$——飞沫在 i 方向上的速度分量,m/s;

$F_{g,i}$——i 方向上飞沫所受重力的分量,N;

$F_{d,i}$——i 方向上飞沫所受拖曳力的分量,N;

$F_{s,i}$——i 方向上飞沫所受浮力的分量,N;

$F_{t,i}$——i 方向上飞沫所受热泳力的分量,N。

飞沫所受重力、拖曳力、浮力和热泳力的方程如下:

$$F_g = m_d g \tag{7.6a}$$

$$F_d = \frac{\pi d_d^2 \rho_0 |u_0 - u_d| (u_0 - u_d) C_d}{8 C_c} \tag{7.6b}$$

$$F_s = \frac{1.62 \mu d_d^2 (du/dz)(u - v_{dx})}{\sqrt{\gamma |du/dz|}} \tag{7.6c}$$

$$F_t = -\frac{3\pi \mu^2 d_d H_{th}}{\rho_0 T} \frac{dT}{dz} \tag{7.6d}$$

式中:d_d——飞沫的直径,m;

ρ_0——空气的密度,kg/m³;

u_0——空气的速度,m/s;

C_d——拖曳系数;

C_c——Cunningham 滑动系数;

H_{th}——热泳力系数。

在数值计算时采用了有限体积法,为了简化计算做出以下假设:

① 飞沫对湍流的影响忽略不计;

② 忽略空气和飞沫之间的传热;

③ 飞沫运动过程中遇到壁面不反弹;

④ 飞沫之间不发生碰撞、凝聚,且粒径不发生变化;

⑤ 所有飞沫均为球形光滑颗粒;

⑥ 飞沫为不可压缩流体,密度满足 Boussinesq 近似。

Boussinesq 模型将密度视为所有求解方程中的常数值,动量方程中的浮力项除外:

$$(\rho - \rho_0)g \approx -\rho_0 \beta (T - T_0)g \tag{7.7}$$

式中:T_0——操作温度,值为 288.16 K;

β——热膨胀系数,值为 0.00341 K^{-1}。

7.3.4　边界条件

当感染源 3D 乘客咳嗽时,其口部为速度入口边界条件,速度为 20 m/s,温度为 310 K,咳嗽时长为 0.5 s。当感染源 3D 乘客停止咳嗽时,其口部与其他乘客一样设置为壁面,热负荷为 26 W/m^2。除此之外,考虑发动机散热的影响,将车内后排座椅处的热流量设置为 4 W/m^2。车顶、车壁、车窗、挡风玻璃和车门做定热流壁面边界条件处理,其余壁面做绝热壁面处理。所有壁面均为无滑移边界($u=v=w=0$),采用标准壁面函数。模拟工况如表 7.1 所示,研究了顶部送风速度以及个性化送风角度对公共汽车内飞沫传输的影响。对应边界条件的设置见表 7.2,其中"逃逸"指飞沫保持运动状态至计算域外,不再追踪;"捕集"指飞沫碰到壁面后速度变为零。

表 7.1　模拟工况设置

工况变量名称	变量设置	其他参数
顶部送风速度	0.61 m/s(换气次数 14 次/h)	仅顶部送风口送风,室外温度为 308 K
	0.69 m/s(换气次数 16 次/h)	
	0.78 m/s(换气次数 18 次/h)	
	0.87 m/s(换气次数 20 次/h)	
个性化送风角度	90°	顶部及个性化送风速度均为 0.69 m/s(换气次数为 16 次/小时),室外温度为 308 K
	60°	
	45°	
	30°	

表 7.2　边界条件的设置

边界名称	边界类型	离散相(飞沫)边界条件
送风口	速度入口;温度为 293 K	逃逸
车头挡风玻璃	壁面;λ 为 5 $W/(m^2 \cdot K)$	捕集
车门	壁面;λ 为 5 $W/(m^2 \cdot K)$	捕集
车窗	壁面;λ 为 3 $W/(m^2 \cdot K)$	捕集
车身	壁面;λ 为 1.3 $W/(m^2 \cdot K)$	捕集
驾驶员及乘客 1A-8E	壁面;热流量为 26 W/m^2	捕集
投币箱,驾驶员操作台,车底,驾驶员处座位及座位 1A-7D	壁面;热流量为 0 W/m^2	捕集

边界名称	边界类型	离散相(飞沫)边界条件
座位 8A-8E	壁面;热流量为 4 W/m²	捕集
车门处缝隙	压力出口;相对压力为 0 Pa	逃逸
回风口	压力出口;相对压力为−10 Pa	逃逸

7.3.5 数值计算方法选择

Ansys Fluent 18.0 提供了关于压力、速度耦合的 SIMPLE 算法、SIMPLEC 算法及 PISO 算法三种算法。其中 SIMPLE 算法和 PISO 算法是针对瞬态问题的算法。SIMPLE 算法是压力耦合方程组的半隐式算法,在求解动量方程时有很大优势,是被广泛使用的求解流场的数值方法,而 PISO 算法的精度主要依赖于其选取的时间步长,时间步长越小精度越大,但对应的计算时间越长,因此本示例选取 SIMPLE 算法,采用二阶迎风格式进行求解计算。

7.3.6 DPM 设置步骤

本章的模拟都运用了 DPM 模型,目的是跟踪每个流体质点在流动过程中的运动全过程,记录每个质点在每一时刻、每一位置的各个物理量,探究不同时刻、不同位置物理量的变化。以下是 DPM 的设置步骤:

(1)稳态计算结束后,更改为瞬态计算,瞬态设置如图 7.3 所示。

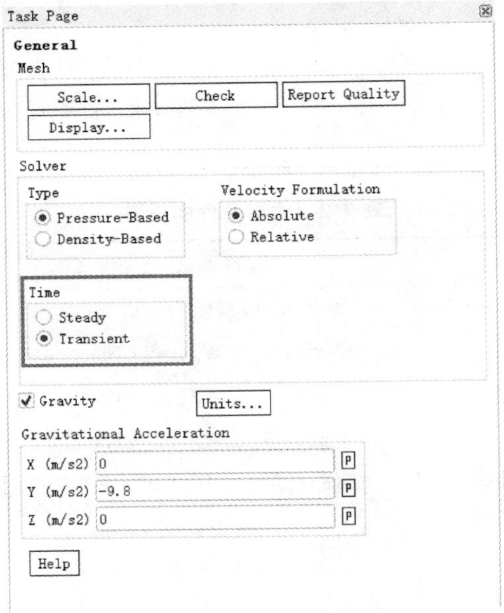

图 7.3 瞬态设置

（2）定义 Injecions。

点击展开模型树节点 Discrete Phase，双击 Injections，在弹出的对话框中选择按钮 Create，如图 7.4 所示。

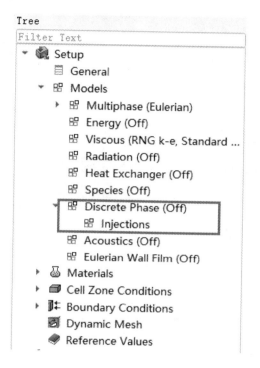

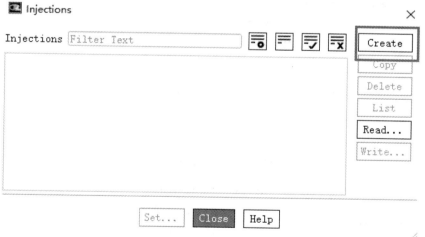

图 7.4　创建 Injecions

在弹出的 Set Injection Properties 对话框中，进行如图 7.5 所示的设置。mouth1 为飞沫呼出人的嘴部。

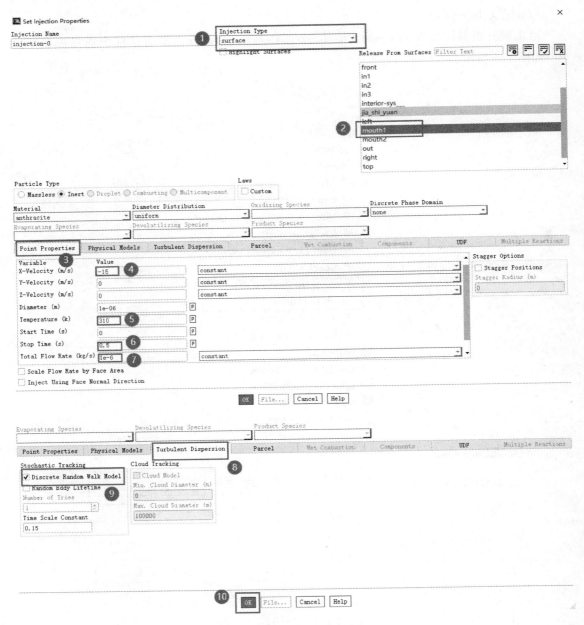

图 7.5　定义 Injecions

（3）定义 DPM 材料。

点击展开模型树节点 Materials→Inert Particle，双击 anthracite，弹出材料属性设置对话框。点击 Fluent Database Materials，选择 inter-particle→water-liquid（h2o<l>）→Copy，关闭所有对话框，如图 7.6 所示。

重新双击打开 injection-0，在弹出的对话框中，Material 选择 water-liquid，点击 OK 关闭对话框，如图 7.7 所示。

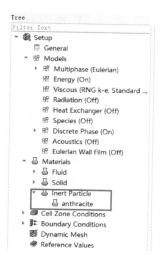

图 7.6　创建材料

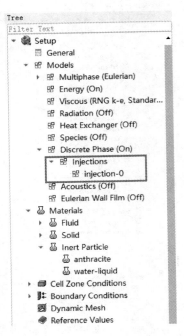

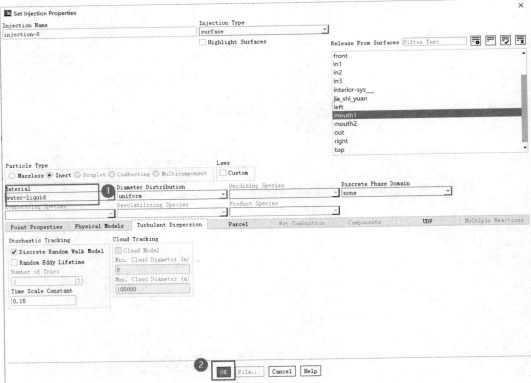

图 7.7 更改 injection-0 材料

双击树节点 water-liquid,在弹出的对话框中,将 Density 参数值设置为 600,将 Cp 值设置为 4177,点击 Change/Create 并关闭对话框,如图 7.8 所示。

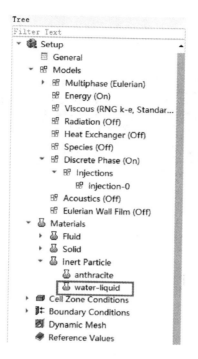

图 7.8　定义 injection-0 材料

(4)设置受力情况。

右键模型树节点 Discrete Phase,在弹出的快捷菜单中,点击 Edit,弹出如图 7.9 所示对话框,在 Interaction 选项卡中,考虑颗粒相和流体相之间的相互作用,因此勾选 Interaction with Continuous Phase。在 Tracking 选项卡下,Max. Number of Steps 的文本框中输入 50000。在

Physical Models 中选项卡，勾选萨夫曼升力（Thermophoretic Force 热泳力、Saffman Lift Force 萨夫曼升力、Virtual Mass Force 虚拟质量力、Pressure Gradient Force 压力梯度力、Erosion/Accretion 侵蚀/积聚、DEM Collision DEM 碰撞、Stochastic Collision 随机碰撞、Breakup 颗粒破裂）。

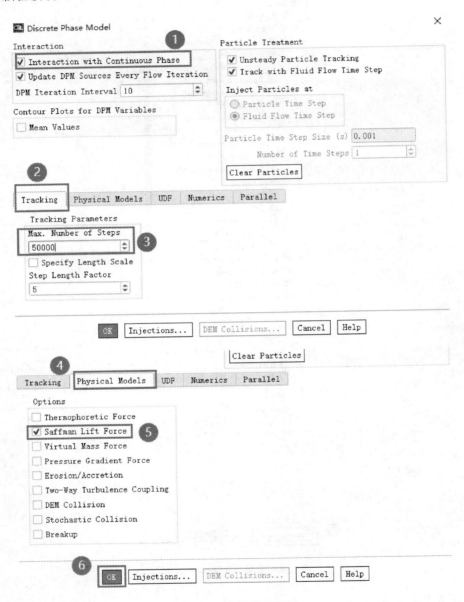

图 7.9　设置受力情况

（5）边界条件的 DPM 设置。

展开树节点 Boundary Conditions，双击树节点下的各个边界条件进行设置，如图 7.10 所示。其中 reflect 代表"反弹",指飞沫运动到此边界后以相同的速度向相反的方向运动;escape 代表"逃逸",指飞沫保持运动状态至计算域外,不再追踪;tap 代表"捕集",指飞沫碰到壁面后速度变为零。设置完成后点击 OK 关闭对话框。

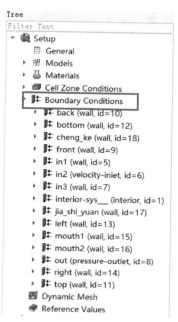

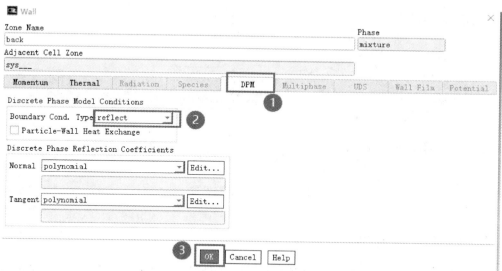

图 7.10　边界条件的 DPM 设置

(6)颗粒追踪。

点击模型树节点 Results→Graphics,双击 Particle Tracks,弹出颗粒追踪参数设置对话框。点击 Release from Injections 列表框中的 Injection-0,Skip 值改为 2,Color by 选择 Discrete Phase Variables,点击 Save/Display 关闭对话框,如图 7.11 所示。

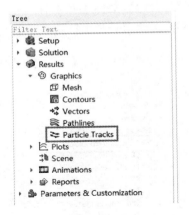

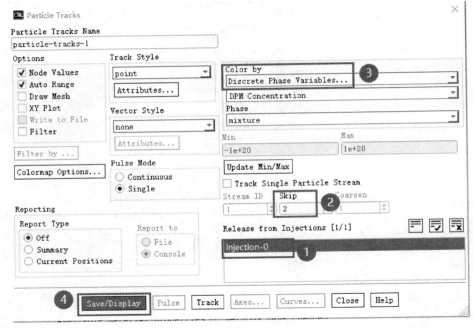

图 7.11　颗粒追踪设置

7.3.7　计算结果分析

　　通风对于稀释室内病原体浓度、降低室内空气传播风险具有重要作用,整体通风的目标是稀释整个房间内病原体浓度,通风量的提高会消耗大量能量且不能有效稀释人与人之间的微环境,而个性化通风、局部通风等高效通风方式则更侧重改善局部通风效率,对人与人之间微环境的改善具有重要作用。本模拟分析了公共汽车分别在顶部通风与个性化通风的情况下,呼出飞沫的传输规律与车内流场的变化规律。

7.3.7.1　顶部送风环境下公共汽车内飞沫的传输

本模拟分别研究了室外温度为 308 K 下换气次数为 14 次/小时、16 次/小时、18 次/小时以及 20 次/小时时携病毒飞沫在公共汽车内的传输情况，对应顶部送风口的送风速度分别为 0.61 m/s、0.69 m/s、0.78 m/s、0.87 m/s，送风温度均为 293 K。

绘制飞沫扩散图的操作步骤如下。

（1）从 Fluent 中导出 .xml 文件。

首先打开 Fluent，导入计算完成的 .cas 和 .dat 文件，如图 7.12 所示。然后点击 File 在下拉菜单中选择 Export→Particle History Data…，打开对话框，依次选择 CFD-Post、Injection-0、Discrete Phase Variables…，点击 Browse 选择文件夹，单击 Write 输出 .xml 文件，然后关闭对话框，如图 7.13 所示。

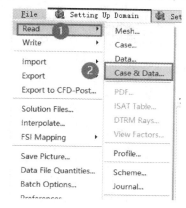

图 7.12　cas 和 dat 文件导入

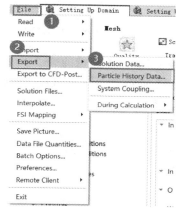

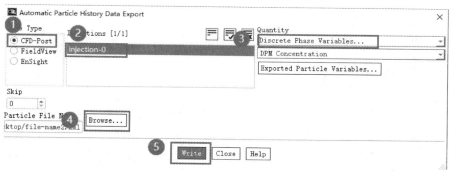

图 7.13　导出 .xml 文件

（2）在 CFD-Post 中绘制飞沫扩散图。

打开 CFD-Post，点击 File→Load Results…，导入 .cas 文件。然后选择 File→Import→Import FLUENT Particle Track File…，如图 7.14 所示，在弹出的对话框中导入上一步输出

的. xml 文件,点击 OK。

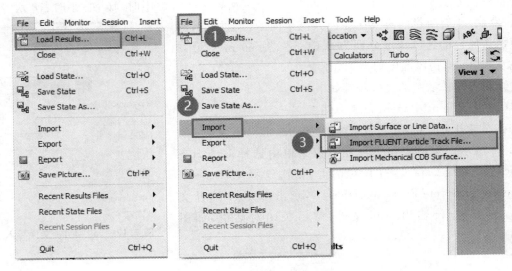

图 7.14　导入. xml 文件

　　双击模型树 User Locations and Plots 下新增的 FLUENT PT for Water Liquid 并勾选该项,进入编辑页面,如图 7.15(a)(b)所示。在 Geometry 选项卡下,Max Tracks 设置颗粒个数;在 Color 选项卡下,Mode 后面的选项选择 Variable,Variable 后面的选项选择 Particle Mass Concentration(见图 7.15(c));在 Symbol 选项卡下,在勾选 Show Symbols,Max Time is 后面的选项选择 Current Time,Scale 后面的方框修改颗粒的大小(见图 7.15(d)),点击 Apply 后就能够显示出飞沫扩散的图形。

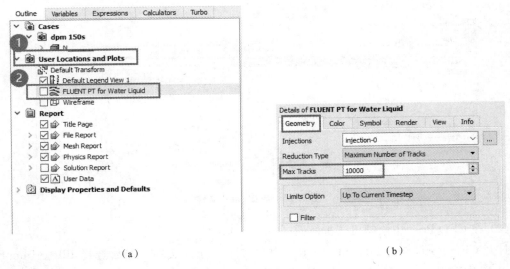

(a)　　　　　　　　　　　　　　　　(b)

图 7.15　创建飞沫扩散图

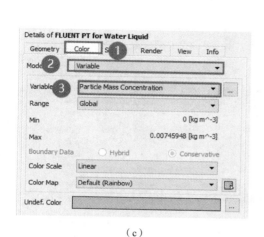

（c）

（d）

续图 7.15

图 7.16 为送风速度为 0.87 m/s 时飞沫在公共汽车内的传输过程，由图可以看出，感染者 3D 咳嗽一次所产生的飞沫在 $t=0.5$ s 时主要以棒球棍的形状悬浮在空气中。之后飞沫由于浮升力和乘客产生的热羽流作用逐渐向上运动。在 $t=2.5$ s 时，飞沫以鲸鱼的形状悬浮在车厢上部空间。同时，部分飞沫由于回风口气流的影响逐渐向老年乘客区域（4A-4D 座位）传输。在 $t=5.5$ s 时，大部分飞沫聚集在乘客 1A、1B 和 1C 周围，然后向前车门和乘客 2A、2B、2C 扩散。在 $t=10.5$ s 时，飞沫主要悬浮在乘客 1A、1B、1C 和 2A、2B、2C 之间。随着时间的推移，在 $t=20.5$ s 之后，只有少量飞沫悬浮在公共汽车中。在 $t=120.5$ s 时，公共汽车内已经没有飞沫悬浮。

7.3.7.2　个性化送风环境下公共汽车内飞沫的传输

换气次数越大，对应所需的通风量越大，携病毒飞沫所影响的乘客越少，但考虑到高换气次数的能耗较高，且换气次数为 20 次/小时的影响人数较换气次数为 18 次/小时及 16 次/小时的影响人数仅减少了两个，同时计算可得 16 次/小时的换气次数可使公共汽车内的 CO_2 浓度达标（≤0.10%），故将 16 次/小时作为个性化送风下的换气次数，分析了室外温度为 308 K 时不同个性化送风角度下携病毒飞沫在公共汽车内的传输情况，对应送风角度分别为 90°、60°、45°以及 30°，个性化送风口布置如图 7.17 所示，此时所有送风口的送风温度均为 293 K。

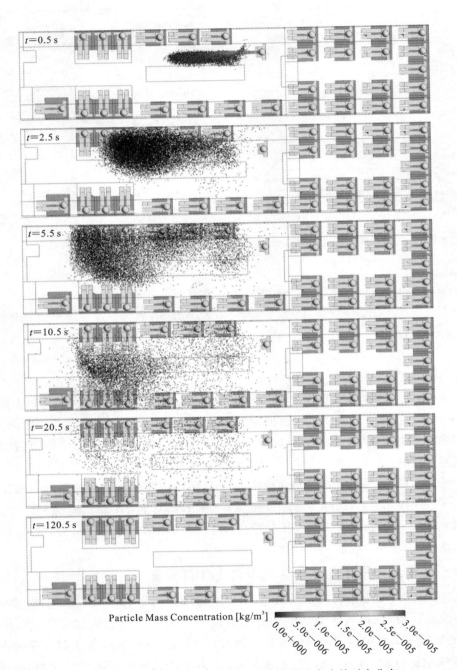

Particle Mass Concentration [kg/m³]

0.0e+000　5.0e-006　1.0e-005　1.5e-005　2.0e-005　2.5e-005　3.0e-005

图 7.16　送风速度为 0.87 m/s 时飞沫在公共汽车内的时空分布

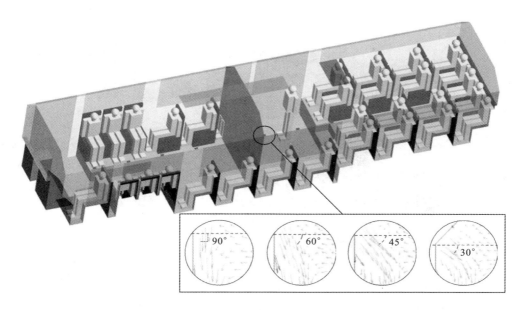

图 7.17　个性化送风角度示意图

公共汽车内流场分布决定了飞沫在公共汽车内的传输过程,图 7.18 展示了送风角度为 90°时飞沫在公共汽车内的时空分布。在 $t=0.5$ s 时,感染源 3D 停止咳嗽,飞沫以棒球棍的形式聚集在感染源 3D 前方,此时飞沫的最远传输距离达到了 2.39 m。随着时间的推移,大部分飞沫由于惯性和回风口压强差的作用逐渐向车头和车顶运动,部分飞沫由于重力的作用向下传输。在 $t=2.5$ s 时,公共汽车内悬浮的飞沫主要以倒置的钝角三角形聚集在回风口下方。在 $t=5.5$ s 时,飞沫主要悬浮在乘客 1A、1B、1C 和乘客 2A、2B、2C 的上部以及回风口下方。在 $t=20.5$ s 时,飞沫比较均匀地悬浮在公共汽车车厢前中部。$t=120.5$ s 时,公共汽车内已经没有飞沫悬浮。

提取某时刻飞沫在车内沉积和逃逸的情况,操作步骤如下。

(1) 从 Fluent 中导出. sum 文件。

首先打开 Fluent,导入计算完成的. cas 和. dat 文件。点击展开模型树节点 Results→Graphics→Particle Tracks,双击 particle-tracks-1,在弹出的对话框中选择 injection-0,Report Type 下选择 Summary,Report To 下选择 File,如图 7.19 所示,然后点击 Save/Display 输出. sum 文件。

(2) 提取颗粒沉积和逃逸的数量。

在 Excel 中导入. sum 文件,第一列数据表示边界条件的 ID,可以双击树节点 Boundary Conditions,在右边出现的窗口中依次击边界查看对应的 ID,如图 7.20 所示;第二列数据表示各个边界沉积或者逃逸的数量。

图 7.21 所示为不同角度个性化送风时飞沫在公共汽车中传输至 120.5 s 时的情况。在 120.5 s 时,感染源 3D 咳嗽所产生的飞沫在公共汽车内已经完全逃逸和沉积,车内无悬浮飞

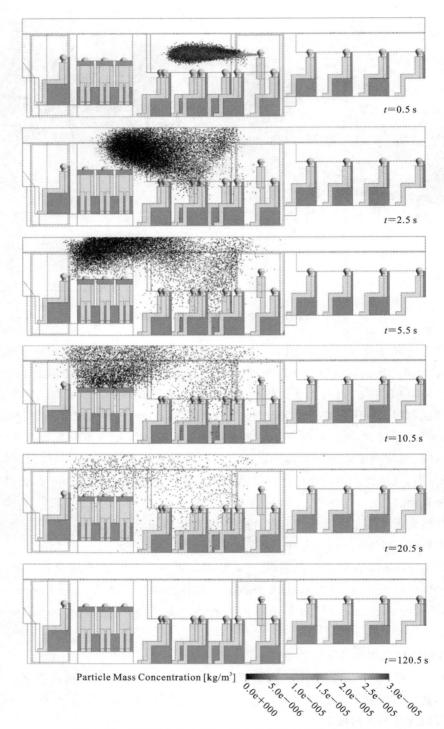

Particle Mass Concentration [kg/m³]

0.0e+000 5.0e−006 1.0e−005 1.5e−005 2.0e−005 2.5e−005 3.0e−005

图 7.18　送风角度为 90°时飞沫在公共汽车内的时空分布

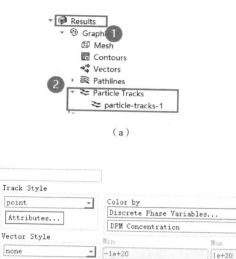

（a）

（b）

图 7.19　输出 .sum 文件

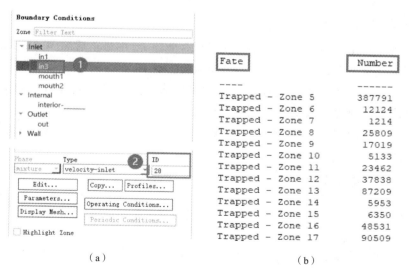

（a）　　　　　　　　　　　　　（b）

图 7.20　提取颗粒沉积和逃逸的数量

149

沫。当送风角度为 45°时,飞沫沉积百分比最大,逃逸百分比最小;当送风角度为 30°时,飞沫沉积百分比最小,逃逸百分比最大。这是因为当送风角度为 45°时,个性化送风气流偏向于车厢中部,因此飞沫会先随送风气流向车厢中部运动,进而再向四周传输,最终逐渐沉积。而当送风角度为 30°时,个性化送风气流逐渐远离车窗所在平面,更偏向于车厢上部空间,故飞沫会随着送风气流向车厢顶部回风口运动,最终在回风口处逃逸。

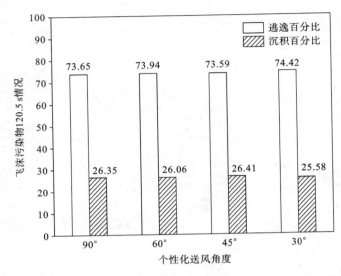

图 7.21 不同个性化送风角度下公共汽车内飞沫 120.5 s 时刻情况

综上所述,通风方式不同时,飞沫在公共汽车内的时空分布不同,结果表明,顶部送风角度越大,飞沫沉积百分比越大,逃逸百分比越小。当送风角度为 45°时,飞沫沉积百分比最大,逃逸百分比最小;当送风角度为 30°时,飞沫沉积百分比最小,逃逸百分比最大。

7.3.7.3 公共汽车内人员的风险评估

根据数值模拟得出人员暴露时间和飞沫沉积百分比,应用修正后的 Wells-Riley 模型计算出在个性化送风条件下公共汽车内人员的感染风险。

根据式(7.3),易感者的感染风险计算还需要提取飞沫沉积到乘客身上的前一秒的时间 t_0,以及 t' 时刻座位处的供气率 $Q_1(t')$,提取步骤如下:

(1) 时间 t_0:按照图 7.20 的步骤提取出每一秒乘客身上的颗粒沉积数量,当第二列 Number 的数量突破 0 时,记前一秒为 t_0。

(2) t' 时刻座位处的供气率 $Q_1(t')$:

$$Q_1(t') = \frac{Q_c}{P_s(t')} \tag{7.8}$$

式中:Q_c——公共汽车的供气率;

$P_s(t')$——t' 时刻乘客身上的飞沫沉积百分比。

$$P_s(t) = \frac{N_s(t)}{N} \tag{7.9}$$

式中：s——t 时刻飞沫所处的状态，包括悬浮、逃逸、沉积三种情况；

　　　$P_s(t)$——t 时刻公共汽车内飞沫处于 s 状态下的百分比；

　　　$N_s(t)$——t 时刻公共汽车内 s 状态飞沫的数量；

　　　N——感染源 3D 咳嗽一次产生的飞沫总数量。$N_s(t)$ 及 N 都可通过图 7.20 的步骤提取。

图 7.22 显示了公共汽车行驶一站时间内（120.5 s）车内所有乘客的感染风险空间分布。当个性化送风角度为 90°、60°、45°和 30°时，车内感染风险大于 0 的被感染乘客数量分别为 14 人、15 人、15 人、13 人。由此可见，送风角度的改变会影响被感染乘客的空间分布和数量，送风角度为 30°时可能是最优选择，既可以满足乘客舒适性的要求，也能够有效降低被感染的人数，控制疫情的扩散。

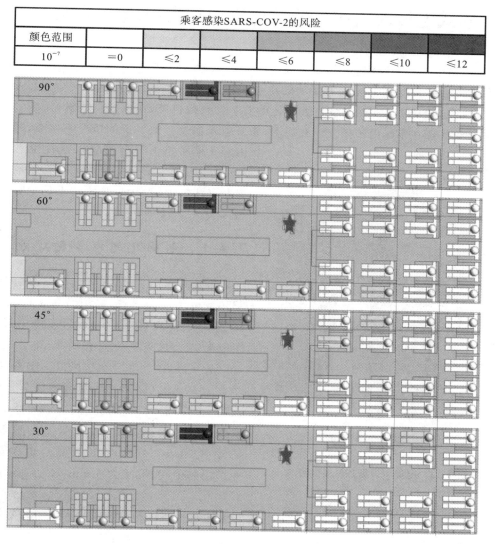

乘客感染SARS-COV-2的风险							
颜色范围							
10^{-7}	$=0$	≤ 2	≤ 4	≤ 6	≤ 8	≤ 10	≤ 12

图 7.22　不同个性化送风角度下公共汽车内乘客感染新冠病毒的风险分布

由图 7.22 可以看出,无论个性化送风角度是多少,公共汽车前中部车厢的乘客均处在高风险区域,车厢后部空间处于低风险区域。其中乘客 3B 的感染风险最高,可达 1.57×10^{-6},最高可达其他乘客的 73 倍。这归因于乘客 3B 位于回风口斜下方,空气流动性强,飞沫沉积在乘客 3B 身上的百分比高,所以感染风险显著高于其他乘客。此外,前排乘客 2A、2B、2C 的感染风险也普遍较高,最高分别可达 3.98×10^{-7},4.59×10^{-7},4.51×10^{-7}。后排座位处乘客的感染风险相对较小,这主要是因为公共汽车后排相对孤立,后排乘客身上的飞沫沉积百分比显著低于前中排乘客,基于修正的 Wells-Riley 模型所计算的感染风险显著低于前中排乘客。

7.4 厢式电梯内飞沫传输数值模拟与人员风险评估

电梯也属于相对封闭的空间,随着高层建筑的兴起,电梯成为了人们每天都会停留的环境,是日常生活中人们感染呼吸道疾病的重点场所。2020 年,中国天津的一个居民小区有 8 人感染了病毒,经调查发现,该小区第一名感染者没有戴口罩,在电梯内咳嗽,污染了电梯环境,最终导致病毒在小区内传播。调查显示,如果患者在没有戴口罩的情况下咳嗽,同一空间内的其他易感人群会有吸入或触摸飞沫的风险[10]。因此,有必要探讨移动电梯轿厢中的气流对飞沫扩散的影响,并评估人员的吸入和接触风险。

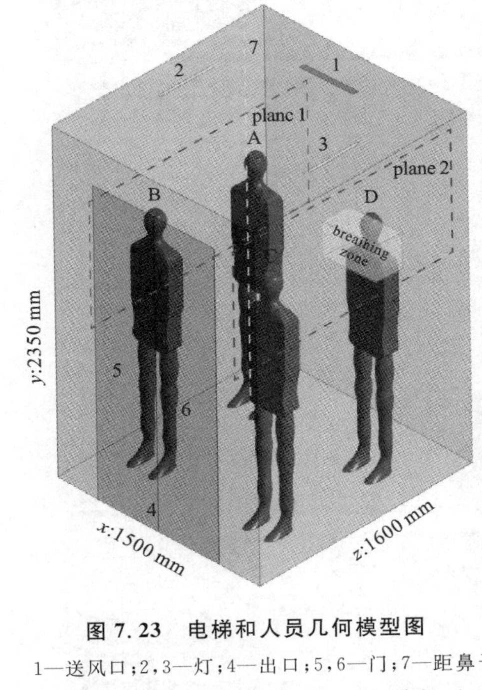

图 7.23 电梯和人员几何模型图

1—送风口;2,3—灯;4—出口;5,6—门;7—距鼻子相同距离(1 mm)的参考线;A—感染者;B~D—乘客;plane 1,plane 2:患者头部的中间垂直平面;breathing zone:呼吸区,距鼻子相同的距离(1 mm,400 mm×200 mm×200 mm(长×宽×高)

7.4.1 电梯几何模型的建立

电梯尺寸设计为 1500 mm×1600 mm×2350 mm(长×宽×高)并用 Ansys SpaceClaim 18 建立模型,如图 7.23 所示,包括 A、B、C、D 四名乘客。电梯顶板上有两个 20 mm×400 mm(长×高)的灯和一个送风口。感染者 A 尺寸为 1650 mm(高),其他乘客佩戴 N95 口罩。人嘴呈椭圆形,面积约为 300 mm²,感染者咳嗽角度与水平面成 27°。顶板上的进气口规格为 400 mm×40 mm(长×宽),出口安装在电梯门的中间,尺寸为 6 mm×2100 mm(长×宽)[11]。

电梯中飞沫传输数学物理模型与公共汽车基本一致,因此不再赘述。

7.4.2　网格划分

运用 Ansys ICEM 18 对人体网格、出口、入口、灯光、嘴巴等边界进行了优化，以更好地模拟计算域中的气流过程，如图 7.24 所示。

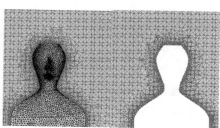

图 7.24　电梯模型网格图

通过比较四种不同网格数量下的监测点速度，来验证网格无关性。选择了数量为 239×10^4、260×10^4、360×10^4 和 393×10^4 的网格进行独立验证。电梯垂直监测线的坐标为 $x = -467$ mm，$z = 0$ mm，$y = -381$ mm，参考线上有 40 个监测点，用于比较不同网格的速度，结果如图 7.25 所示。360 万和 393 万网格的数值模拟结果模型基本一致，最大误差为 2.12%，因此选择 360 万网格模型进行数值模拟。

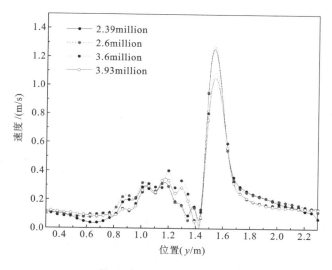

图 7.25　电梯模型网格图

7.4.3　边界条件

电梯连续运行 60 s,当电梯开始移动时,感染者 A 产生的咳嗽飞沫持续 0.5 s。考虑了四种不同的运行条件,以探索电梯运动对电梯内部气流的影响:在通风的情况下向上运动、在不通风的情况下向上运动、在通风的条件下向下运动和在不通风条件下向下运动。

考虑了行驶高度对轿厢内气压值的影响:

$$F = \frac{c\rho S u^2}{2} \tag{7.10}$$

式中:F——侧向压力;

　　c——侧向压力系数;

　　ρ——空气密度;

　　u——电梯运行速度;

　　S——电梯单表面的侧面积。

在运行过程中,电梯轿厢内的气压随高度的变化稍微滞后于外部,但几乎等于轿厢外的静压。根据电梯运行速度及其位移表达式,可以获得电梯门处的外部空气压力与操作高度变化之间的关系。运用 Fluent 用户定义函数(UDF)来表示电梯的运行状态。

$$H(t) = \begin{cases} \frac{1}{2}\alpha t^2 & (0 \leqslant t \leqslant t_1); \\ \alpha t_1 t - \frac{1}{2}\alpha t_1^2 & (t_1 < t < t_2); \\ \alpha t_1 t_2 - \frac{1}{2}\alpha(t-t_1-t_2)^2 & (t_2 \leqslant t \leqslant t_1+t_2) \end{cases} \tag{7.11}$$

$$p_0(t) = 12H(t) \tag{7.12}$$

式中:α——电梯的加速度;

　　t、t_1 和 t_2——运行时间、加速结束时间和减速开始时间;

　　H——高度;

　　p_0——电梯外面的气压。

从 Fluent 中导入 UDF 的步骤:

点击主菜单 User Defined,下拉 Functions 右侧的小箭头,点击 Compiled,弹出对话框。在对话框中点击 Source Files 栏下面的 Add...,选择写好的 UDF 文件后,再点击 Build 进行编译,编译没有错误后,点击 Load 导入文件,如图 7.26 所示。

飞沫的速度特性可以通过初始速度和传输速度来表征。飞沫初始速度可在 0.01 s 内从 10 m/s 降至 0.00005 m/s,为了避免忽略粒子的传输距离,设置飞沫初始速度为 22 m/s。忽略飞沫的蒸发作用,选择 1 μm 飞沫尺寸进行模拟,密度设置为 1003 kg/m³,略大于水的密度。人体周围的热环境影响人体周围的污染物分布。为了确定人体热羽流对飞沫传输的影响,将站立乘员的传热系数设置为 4.5 W·m⁻²·℃⁻¹。电梯内的送风温度和速度设置为 298 K 和 2 m/s,所有墙壁均为无滑移壁面(墙壁处的流体速度为 $u=v=w=0$)。对于离散相边界条

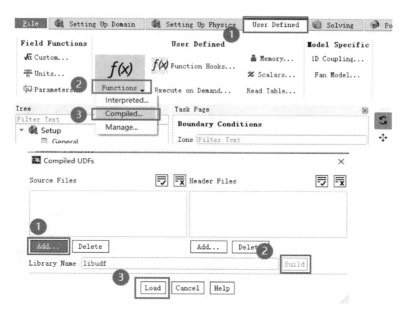

图 7.26　导入 UDF 操作步骤

件,飞沫通过通风口和感染者 A 的嘴巴逃逸(飞沫以一定速度离开流动域)。在电梯壁和人体表面飞沫被捕获($u_p=0$)。其余边界条件见表 7.3。

表 7.3　电梯边界条件设置

名称	参数
送风口	速度入口,速度为 2 m/s,温度为 298 K,DPM:逃逸
灯	壁面,温度为 300 K,DPM:捕获
出口	压力出口,温度为 298 K,压力随时间变化,DPM:逃逸
门(地板、天花板等)	绝热壁,DPM:捕获
感染者 A 嘴巴	①速度入口,速度为 22 m/s,温度为 307 K,DPM:逃逸 ② 壁面,传热系数为 $4.5 \ \mathrm{W \cdot m^{-2} \cdot {}^{\circ}\!C^{-1}}$,DPM:捕获
人员 A~D;鼻子 A~D;嘴巴 B~D	壁面,传热系数为 $4.5 \ \mathrm{W \cdot m^{-2} \cdot {}^{\circ}\!C^{-1}}$,DPM:捕获
飞沫	速度为 22 m/s,飞沫直径为 1 μm,密度为 1003 kg/m³
电梯速度和加速度	速度为 1 m/s,加速度为 0.5 m²/s

7.4.4　计算结果分析

7.4.4.1　电梯运动时轿厢内的气流分布

飞沫与空气一起流动,因此研究流场对确定移动电梯中飞沫的分布具有重要意义。由于气流湍流存在于整个电梯区域,因此选择呼吸区域进行讨论,以探讨人员的吸入风险。

图 7.27 和图 7.28 分别显示了感染者 A 和乘员 B、C 和 D 的两个呼吸平面(平面 1 和 2)上的速度场。图 7.27 显示了电梯在通风情况下运动时呼吸区域的气流速度矢量图,而图 7.28 显示了没有通风时的速度矢量图。

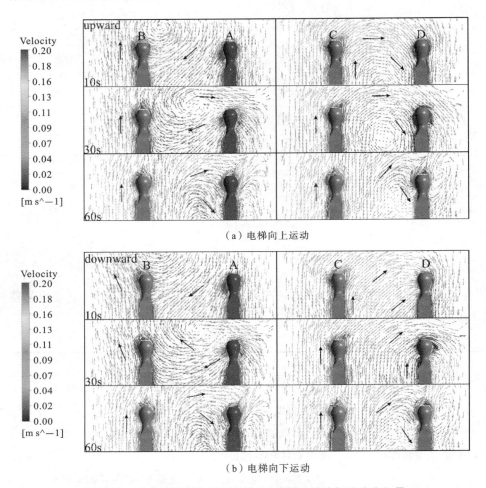

（a）电梯向上运动

（b）电梯向下运动

图 7.27　电梯在通风条件下运动时,呼吸区域的气流速度矢量

通过分析图 7.27 可以得出两个结论。第一,电梯运动对气流方向有重大影响。当电梯向下运动时,外部空气压力逐渐增加,导致气流方向改变,从而使内部气流具有浮动趋势。第二,气流在 30 s 前通过感染者 A 到达乘员 B,而在 30 s 时气流方向发生反转。在平面 2 中,气流总是从乘员 C 一侧移动到乘员 D。根据气流分布,可以预测在 30 s 之前,许多飞沫聚集在乘员 B 和乘员 C 附近,然而在 30 s 后,乘员 D 附近的飞沫数量增加,增大了乘员 D 的吸入风险。

从图 7.28(a)中可以看出,在平面 1 中,平均速度随时间从 0.09 m/s 变化到 0.02 m/s,气流方向从感染者 A 的头部附近经过乘员 B 的腹部。在平面 2 中,气流方向在 30 s 之前从乘员 C 流向乘员 D,而气流在 60 s 时从乘员 D 流向乘员 C。从图 7.28(b)中可以看出,在平面 1 中,从 30 s 到 60 s,平均速度约为 0.02 m/s,空气平稳地从感染者 A 流向乘员 B。在平面 2

中,空气速度随时间缓慢下降,气流向人员 D 一侧移动。

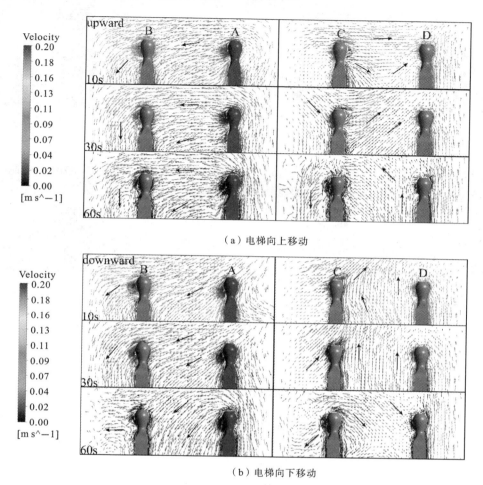

（a）电梯向上移动

（b）电梯向下移动

图 7.28　当电梯在没有通风的情况下移动时,呼吸区域中的气流速度矢量

7.4.4.2　人体周围热羽流的分布

图 7.29 显示了电梯在通风的情况下,乘员身前（见图 7.23 中的参考线）的温度随时间的变化。工况在 Ansys Fluent 18 中计算完成后导入后处理软件 CFD-Post,在 CFD-Post 中添加乘员身前的参考线,并选择参考线的表示类型为温度,输出参考线上的温度随高度和时间的变化数据,将数据导入到 Origin 作图软件中,选择制作二维云图如图 7.29 所示。

图 7.29(a)描述了电梯向上运动的温度变化。温度变化云图展示出三种随时间变化的现象。首先,温度在一分钟内逐渐升高,40 s 后出现一个热区,集中在 0.5 m 至 1.6 m 的高度。这是由于乘员在电梯内停留了很长时间,因此会产生热量积聚。第二,四个位置的温度呈现出从中间向两侧垂直扩散的趋势。这是由于通风和电梯运动的共同作用,热羽流向上流动,因此会发生温度扩散。最后,不同乘员周围的温度分布有所不同,最高温度区在乘员 C 周围形成,可能是因为乘员 C 与出风口的距离较远。

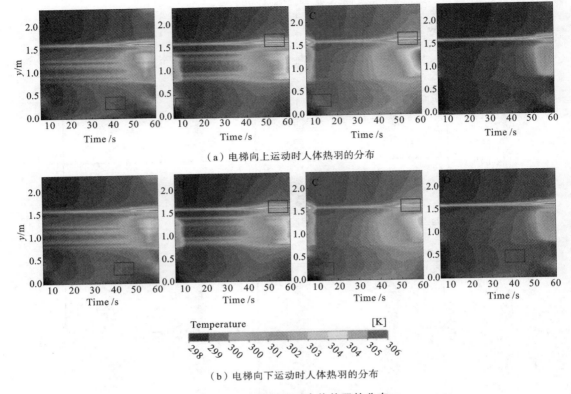

（a）电梯向上运动时人体热羽的分布

（b）电梯向下运动时人体热羽的分布

图 7.29　电梯通风时人体热羽的分布

图 7.29(b)显示了电梯向下移动的温度变化,与图 7.29(a)中的现象基本一致。然而,对于 1.5 m 以上的区域,图(a)中的温度高于图(b)的,而在 0.5 m 以下,图(b)的温度高于图(a)的,温差约为 1 K(用矩形标记)。

人在电梯里的时间越长,产生的热量就越多,许多飞沫在高温区聚集,导致吸入的风险增加。根据图 7.29 可以预测,乘员 C 的吸入风险大于其他电梯乘员。

7.4.4.3　飞沫的扩散趋势

图 7.30 显示了四个位置的飞沫分布(见图 7.23 中的参考线)。图 7.30 中不同直径和颜色的球体对应于飞沫的数量,较大的球体直径代表较大数量的飞沫。工况计算完成后在 Ansys Fluent 18 中导出飞沫核的位置数据,将数据导入到 Excel 表格中进行统计,把所有统计的数据导入 Origin 作图软件,选择二维气泡图进行制作,并设置气泡类型和颜色,结果如图 7.30 所示。

从图 7.30 可以看出,飞沫的数量随时间动态变化。一些飞沫悬浮在 1.6 m 以上,而其他飞沫则悬浮在 0.5 m 附近。在 30 s 之前,乘员 A 附近的飞沫数量是乘员 B 附近的 4 倍。30 s 之后,乘员员 B 附近飞沫的数量大约是乘员 A 附近飞沫的 9 倍。此外,在 50 s 时,乘员 D 附近的液粒核的数量是乘员 C 附近的 12 倍。这些结果与流场预测一致。由于乘员 C 附近的温度高于其他地区,多达 96 个飞沫聚集在乘员 C 附近,造成更大的吸入风险。此外,当电梯沿

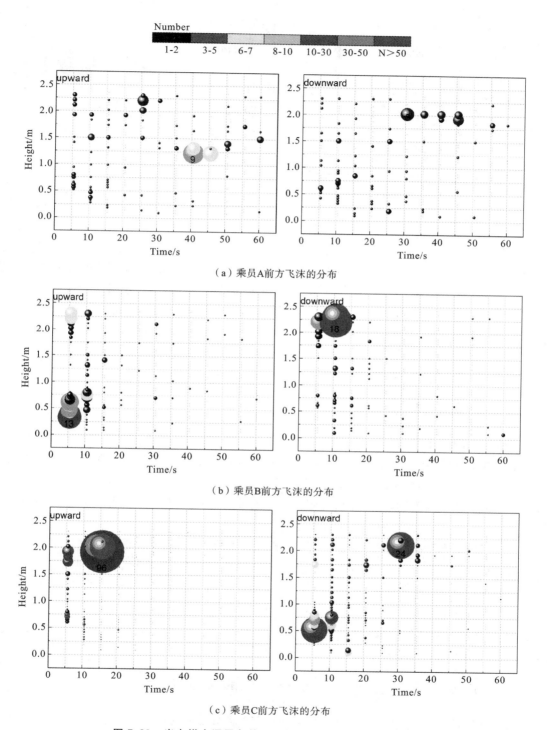

（a）乘员A前方飞沫的分布

（b）乘员B前方飞沫的分布

（c）乘员C前方飞沫的分布

图 7.30　当电梯在通风条件下运行时,乘客面前飞沫的分布

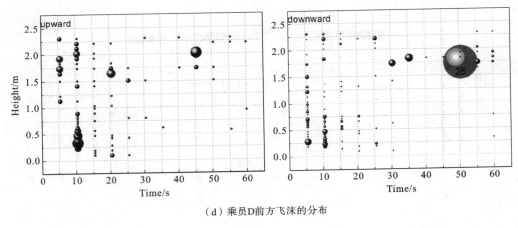

（d）乘员D前方飞沫的分布

续图 7.30

相反方向运动时,看到飞沫数量的差异相当大。这是因为向下的电梯运动导致向上的气流趋势。飞沫随气流运动,因此当电梯向下运动时,悬浮在电梯上部的飞沫数量增加。

7.5 本章知识清单

7.5.1 离散相模型（DPM）

在研究气固两相流动时,通常有两种方法:一种是将气体相视为连续介质,而将固体颗粒视为不连续的个体,通过对施加在单个固体颗粒上各种力的分析得到固体颗粒在气流中的轨迹和其他参量,这就是拉格朗日方法,该方法应用的对象就是分散颗粒群轨道模型。另一种方法则除了将气体视为连续体外,还认为固体颗粒足够小,通过求解气体和固体颗粒的方程得到气固两相流的运动学特性,这就是欧拉方法。

离散相模型即欧拉-拉格朗日模型,其着眼于流体的质点,基本思想是跟踪每个流体质点在流动过程中的运动全过程,记录每个质点在每一时刻、每一位置的各个物理量及变化。在离散相模型中,Fluent 将主体相视为连续相,稀疏相视为离散颗粒,主体相用欧拉法,而离散相利用拉格朗日法进行粒子跟踪。本章使用的 DPM 模型,不考虑颗粒碰撞,不考虑颗粒所占体积,通常用来模拟粒子的轨迹,能更准确地模拟气固两相流动,能更好地跟踪固体颗粒、气泡、液滴在连续相中运动轨迹。

7.5.2 颗粒浓度时空变化数据的提取和可视化

人体呼出携病毒飞沫的直径为微米量级,用肉眼无法识别,为了更直观地展现飞沫的传播,对呼出飞沫在时间和空间上的浓度变化进行计算分析和可视化研究,探究其分布规律。运用分析计算模块进行流体动力学分析和物理场的耦合分析,提取计算数据。然后将数据导入后处理模块进行可视化处理,结果可以通过温度云图、粒子扩散图、矢量图、粒子轨迹图等图形方式显示出来,也可将计算结果以图表、曲线形式显示或输出。

7.5.3　颗粒运动轨迹数据的提取和应用

分析计算后的数据不仅能够在后处理模块中进行处理,也能与外部办公软件(如 Excel 等)相结合,对数据进行整合和再加工。通过对颗粒运动轨迹数据的提取,能够准确观测到颗粒的运动过程以及最终的状态(逃逸或沉积)。依据颗粒在室内各部位沉积的数量来判定高低风险区,高风险区作为重点防护消毒区域,低风险区作为建议人员活动区域。此外,可以基于飞沫的最终状态,评估通风换气等防疫措施的作用效果。

本章参考文献

[1] 万学红,陈红. 临床诊断学[M]. 北京:人民卫生出版社,2015.

[2] 刘岩,王海东,汤毅,等. 周期性动态送风对室内污染物分布和通风效率的影响[J]. 建筑节能,2022,(5):59-67.

[3] YANG X, OU C, YANG H, et al. Transmission of pathogen-laden expiratory droplets in a coach bus[J]. Journal of Hazardous Materials,2020,397:122609.

[4] 简毅文,王旭,刘晓霄,等. 住宅室内 PM2.5 净化状况的实测研究[J]. 暖通空调,2019(9):9.

[5] 彭信忠. 广州地区建筑地下室机械通风系统节能措施研究[D]. 广州:广东工业大学,2019.

[6] 唐子修. 郑州地区农村自建住宅室内通风现状分析及优化策略研究[D]. 郑州:郑州大学,2020.

[7] 段文竹. 公共汽车内飞沫传输特性及人员感染风险评估[D]. 武汉:武汉科技大学,2022.

[8] DUAN W, MEI D, LI J, et al. Spatial distribution of exhalation droplets in the bus in different seasons[J]. Aerosol and Air Quality Research,2021,21(8):200478.

[9] MEI D, DUAN W, LI Y, et al. Evaluating risk of SARS-CoV-2 infection of the elderly in the public bus under personalized air supply[J]. Sustainable Cities and Society,2022,84:104011.

[10] BUSCO G, YANG S R, SEO J, et al. Sneezing and asymptomatic virus transmission[J]. Physics of Fluids,2020,32(7):073309.

[11] WANG C, MEI D, LI Y, et al. Evaluation of inhalation and touching risks in a moving elevator car based on the airborne transmission of droplet nuclei[J]. Physics of Fluids,2022,34(7):075119.

第8章　数值模拟技术在建筑火灾中的应用

火灾是火在时间和空间上失去控制而导致蔓延的一种灾害性燃烧现象。而在各类火灾事故中，建筑火灾是最经常、最普遍地威胁公众安全和社会和谐发展的主要灾害之一。建筑火灾与其他火灾相比，具有火势蔓延迅速、扑救困难、容易造成人员伤亡事故和经济损失严重等特点。因此，认识和研究建筑火灾发生、发展的内在规律，分析火灾过程动力学特性已经成为当今最紧要的研究课题之一。

随着计算机技术的迅猛发展，火灾数值模拟技术得到迅猛发展，成为火灾科学研究的重要工具。计算机模拟既减少了人们对昂贵的火灾实验的依赖，节省研究和测试费用，又可通过设定多种火灾场景，对不同空间、环境条件下火灾的发展和蔓延进行重复模拟、演算和预测，大大增加研究的灵活性和准确性，并对建筑构件、材料组件以及消防设备的火灾特性进行推算和确定。通过对建筑火灾中火势蔓延特点、烟气分布等方面的研究，优化建筑设计，能从根源上减小建筑物火灾的危害性，对建筑行业乃至整个社会有重要意义。

8.1　应用需求分析

近年来，我国土地成本高，高架仓库具有占地少、机械化程度高、空间利用率高等优点，在我国快速发展。据 2007—2017 年《中国消防年鉴》统计，我国仓储场所发生火灾总共 75847 起，总共死亡 69 人，34 人受伤，直接经济损失达到了 60.21 亿人民币，烧毁建筑物共 1352.77 万平方米。随着仓库自动化的发展，仓储场所发生火灾的概率增大。

火灾试验往往极具破坏性，仓库型火灾为立体火灾[1]，试验难度更大，对研究场地、实验设备等多方面条件有着很高的要求，目前仓库火灾试验研究较少，并没有大量的试验数据作为支撑。所以对仓库进行数值模拟分析研究，对仓库火灾防治依旧是火灾科学研究领域的重要课题。当前，计算能力提高及计算流体动力学的发展，使得数值模拟技术能够重现复杂的火灾特性，采用数值模拟的方法研究高架仓库火灾不仅可以缩短研究周期并节省实验成本，还能控制单一变量，较好地模拟出高架仓库中的火灾形势，在经济性和适用性方面拥有明显的优势。掌握仓库建筑火灾[2]时内部温度分布规律、烟气蔓延规律、烟气可见度、有毒有害气体浓度等火灾特性分布变化情况，对于仓库建筑火灾的防排烟设计、人员疏散逃生以及消防扑救等工作都极为重要。基于数值模拟的方法对高架仓库火灾进行深入研究能够得到全面且准确的结论，具有科学性和经济性。

8.2　高架仓库火灾计算模拟原理

认识火灾发展过程的基本理论和研究合理、精准的火灾模拟技术,是解决建筑火灾问题的重要途径。火灾的孕育、发生、发展和蔓延过程包含了流体流动、传热传质、化学反应和相变,涉及质量、动量和化学成分在复杂多变的环境下相互作用,其形式是三维、多相、多尺度、非定常、非平衡态的动力学过程,因此科学地运用火灾计算模拟原理,能有效解决建筑火灾问题。

8.2.1　火灾动力学基础

燃烧的三要素是火灾发生的基本条件。燃烧反应的本质是可燃物与氧化剂在一定热源作用下发生的快速氧化-还原反应。火灾的发生,必须同时具备可燃物、氧化剂和引火源三个条件并达到一定的极限值,此三者缺一不可。因此,灭火或控制火势就必须至少消除燃烧三要素中的任何一个要素。

建筑火灾[3]的发展动力最初来源于室内热源提供的不断增大的热释放速率和火羽流。建筑火灾通常是由某些可燃物质被热源点燃所引起的,其损害主要来自于热量、有害的燃烧产物和缺氧。与开放环境中的燃烧相比,建筑火灾有两个显著的特点:

① 燃烧产生的热量在室内积聚,强化了对可燃物表面的传热;

② 燃烧所需空气是有限的,通风状况对室内燃烧有重要的影响。

图 8.1 展示了建筑室内火灾的发展过程以及温度随时间变化的情况。火灾的发展过程包括:点燃阶段、增长阶段、轰燃阶段、充分发展阶段和衰减阶段。虽然很多火灾没有遵循这一理想化的过程,但这个过程模型提供了一个研究建筑室内火灾的框架。

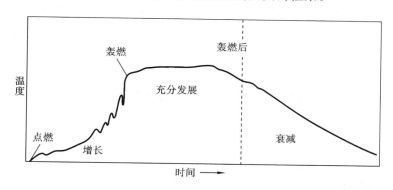

图 8.1　不受控制的建筑室内火灾发展过程描述

(1) 点燃阶段:表示火灾的开始阶段。

(2) 增长阶段:在点燃阶段之后,火灾根据可燃物自身的特征开始最初的增长,这时对房间内影响很小或没有影响。如果可燃物和氧气充足,火灾会继续增长下去,并导致温度逐渐升高。这时通常称为燃料控制的火灾。

（3）轰燃阶段：轰燃是火灾从增长阶段向充分发展阶段过渡的阶段，这时室内所有的可燃物都卷入火灾，室内的环境发生了迅速的变化。一般认为上部烟气层温度达到 300～650 ℃或者地板面接受到 20 kW/m² 的热通量时预示着轰燃可能发生。

（4）充分发展阶段：在这个阶段，火灾的热释放速率将达到最大。该阶段可燃物的热解量往往大于房间内可用的氧气能够完全燃烧的量，即表现为通风控制的火灾。这时如果有开口，未燃烧的热解气体将流出房间而在房间外引起燃烧。

（5）衰减阶段：随着可燃物的消耗，火灾开始进入衰减阶段，热释放速率逐步减小。这一阶段火灾将从通风控制向燃料控制转变。

8.2.2 火灾数值模拟软件介绍和模拟基础

8.2.2.1 模拟软件简介

FDS(Fire Dynamics Simulator)是美国国家标准与技术研究院(NIST)开发的一种计算流体力学(CFD)软件。FDS已被证明是消防安全科学中用于模拟火灾现象的有用且强大的工具，一些FDS模拟也已被证明其可以成功预测房间、隧道和仓库中的火势增长、蔓延和烟雾运动。研究建筑火灾发生和防治的规律具有重要的现实意义和社会价值。而认识火灾发展过程的基本理论和研究合理、精准的火灾模拟技术，是解决建筑火灾问题的重要途径[4]。

Thunderhead Engineering PyroSim 简称 PyroSim，是专用于火灾动态仿真模拟软件。PyroSim 是在 FDS 的基础上发展起来的，它为火灾动态模拟提供一个图形用户界面，模拟预测火灾中的烟气和 CO 等毒气的运动、温度以及浓度等情况。PyroSim 软件可以模拟的火灾范围很广，如日常炉火房间，接电设备引起的各种火灾形式；可以方便快捷地建模，并支持 DXF 和 FDS 格式的模型文件的导入。

PyroSim 最大的特点是提供了三维图形化前处理功能，具有可视化编辑的效果，能够边编辑边查看所建模型。在 PyroSim 里，不仅可以建模、设置边界条件、设置火源、设置燃烧材料，还可以对 FDS/ Smokeview 的计算结果进行处理，直接运行所建模型。

Smokeview 软件可以对火灾模型的各种数值进行直观展现，使用 Smokeview 可以看到通过计算得出的三维结果，还可以看到烟气和火焰的各种属性。Smokeview 主要功能包括：① 燃烧过程的动态演示；② 流场包括温度、速度、压力、密度等动态显示；③ 温度、密度、速度等物理量的静态剖面图形显示；④ 根据可燃物、障碍物的尺寸和在房间内的位置输入相应数据；⑤ 演示场景的旋转、缩放；⑥ 不同格式图形的输出。

8.2.2.2 数值模型和计算方法

FDS 是一种利用了大涡流流体力学模型(large eddy simulation，LES)来处理火场流体的紊态流动，旨在解决消防工程中的实际火灾问题，同时提供研究基本火灾动力学和燃烧的工具。

火灾燃烧过程是耦合化学反应的传热、传质和运动过程，可用一组包括相关变量的偏微分

方程来描述,可表示如下[5]:

质量守恒方程:

$$\frac{\partial \rho}{\partial t} + \mathrm{div}(\rho u) = 0 \tag{8.1}$$

动量守恒方程:

$$\frac{\partial (\rho u_i)}{\partial t} + \frac{\partial (\rho u_i u_j)}{u_j} = -\frac{\partial p}{\partial x} + \frac{\partial \tau_{ij}}{\partial x_j} + \rho g_i + F_i \tag{8.2}$$

能量守恒方程:

$$\frac{\partial (\rho c_p T)}{\partial t} + \frac{\partial (\rho u_i c_p T)}{\partial x_i} = \frac{\partial}{\partial x_i}(k + k_i)\frac{\partial T}{\partial x_i} + S \tag{8.3}$$

组分浓度方程:

$$\frac{\partial (\rho C_s)}{\partial t} + \frac{\partial (\rho u_i C_s)}{\partial x_i} = \frac{\partial}{\partial x_i}\left(\rho D_s \frac{\partial C_s}{\partial x_i}\right) + m_s \tag{8.4}$$

式中:ρ——流体密度,kg/m³;

x_i——坐标在 i 方向上的分量;

u——速度矢量,m/s;

t——时间,s;

p——质量控制体的静压力,N;

τ_{ij}——剪应力张量,N;

ρg_i——流体体积元上 i 方向的体积力,N;

F_i——由热源等引起的源项,N;

T——流体温度,K;

c_p——比定压热容,kJ/(kg·K);

k——分子热导率,W/(m·K);

k_i——由于湍流扩散引起的热导率,W/(m·K);

S——单位体积的热源,kJ/m³;

C_s——烟气浓度,kg/s;

D_s——烟气扩散系数,m²/s;

m_s——单位体积火源的产烟量,kg/m³。

8.2.3 高架仓库火灾数值模拟特征

高架仓库火灾特性:① 火灾隐患多;② 火势蔓延迅速、燃烧猛烈;③ 火灾初期不易探测;④ 火灾扑救难度大;⑤ 火灾损失严重;⑥ 火灾破坏力度大;⑦ 仓库里的物品耐火等级低。

高架仓库内存储货物以货架的方式摆放,物品和物品之间形成狭长的通道,一旦发生火灾,火焰向两个方向迅速蔓延,一个是沿货间狭长的通道蔓延,另一个是沿货物的表面从底部向顶部蔓延。

8.3　高架仓库火灾数值模拟

建筑火灾数值模拟一般分为以下三个基本过程。

（1）建立模型。模型的建立主要包括：创建网格，定义火灾中发生的反应、材料表面属性及火源等，创建所要模拟的建筑模型，设置着火点位置与通风口，添加检测设备等。

（2）运算求解。执行运算前，根据需要设置相应的时间与结果参数，设置完毕以后运行模拟，经过模拟便可以得到最终的运算结果。不同项目的模拟时间长短不一，同一项目不同设置模拟用时不一样，不同的计算机配置模拟用时也不一样。

（3）分析处理。这个过程主要是处理模拟结果，通过分析烟气的蔓延情况和火灾的发展情况，绘制 CO 浓度、温度与可见性等变化曲线。具体过程和主要流程如图 8.2 所示。

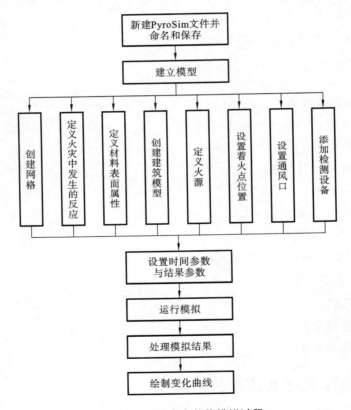

图 8.2　建筑火灾数值模拟过程

运用数值模拟的方法对仓库进行分析的具体步骤：首先，建立高架仓库的几何模型；其次，依据流体力学、传热学、热力学等领域的平衡方程或守恒方程，选择或建立求解过程中用到的基本方程和理论模型；随后，划分网格，确定计算区域，进行切片、测点、喷淋等的设置；最后确定合适的初始数值，完成对运算方程完整的数学描述，即可进行求解，并通过

Smokeview 展示出来。

8.3.1　高架仓库几何模型

　　本模拟仓库模型长度为 54 m,宽度为 27 m,面积为 1458 m²,高度为 9 m。库内有 7 m 高货架 8 排,货架上存放木制托盘,托盘上存放瓦楞纸箱。仓库北侧有三个卷帘门,卷帘门高 4 m,宽 5 m,西南侧和南侧各有一个安全出口,安全出口高 2.75 m,宽 2 m。东侧三个防火卷帘门为常闭状态,模型建立时视为墙壁。西侧墙上有四扇高 4 m,宽 1 m 的侧窗,由于侧窗需要常开进行通风,在模型中作为开口表面。仓库模型如图 8.3 所示。

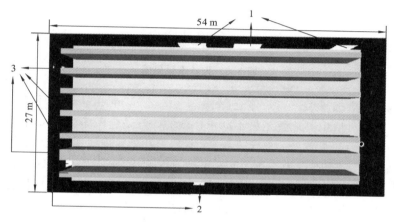

图 8.3　仓库模型示意图

8.3.2　火源的设置

　　模型设置的起火点如图 8.4 和图 8.5 所示,基于火灾最不利点原则,选取了仓库中心位置为起火点。原因如下:一是便于存储,该仓库内货物布置由系统派位,在仓库中心部位存储的

图 8.4　起火点设置部位

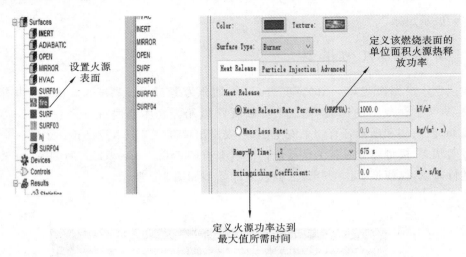

图 8.5　火源设置界面

是货物包装物,相对更加易燃。二是该仓库长 54 m、宽 27 m,在靠外墙环状布置有室内消火栓和灭火器,所以起火后中心位置是最不利于扑救的。三是仓库净高 9 m,所以火灾报警响应时间相对较长,选定的起火点处一般无人操作,不利于及早发现初期火灾,所以风险性更高,且容易造成火灾蔓延。起火点设为工作的叉车电池自燃起火,火灾增长系数为 0.044,火灾热释放速率取 1000 kW/m²。货架为钢材,货架上的主要可燃物是木制托盘和瓦楞纸箱及部分塑料包装材料。它们在模型中定义为多层表面,钢材质量占比 0.5,木材质量占比 0.4,塑料质量占比 0.1。

火灾增长因子取值大小影响着火势的发展速度,生活中常见物品的燃烧分为四类,分别是:超快速、快速、中速和慢速。对应的常用材料以及参数如表 8.1 所示。本例中模拟的仓库起火,应界定为快速火,火灾增长系数取 0.044。

表 8.1　火灾增长系数

火灾类别	典型的可燃材料	火灾增长系数/(kW/s²)
慢速	硬木家具	0.00278
中速	棉制、聚酯垫	0.011
快速	装满的邮件袋、木制托盘货架、泡沫塑料	0.044
超快速火	池火、快速燃烧的装饰家具、轻质窗帘	0.178

各场所的火灾热释放速率可按照表 8.2 火灾达到稳态时的热释放速率选取。

火灾热释放速率计算公式为

$$Q = \alpha \cdot t^2 \tag{8.5}$$

式中:Q——热释放速率,kW;

　　　t——火灾增长时间,s;

　　　α——火灾增长系数(按表 8.1 取值),kW/s²。

表 8.2　火灾达到稳态时的热释放速率

建筑类别	喷淋设置情况	热释放速率 Q/MW
办公室、教室、客房、走道	无喷淋	6.0
	有喷淋	1.5
商店、展览厅	无喷淋	10.0
	有喷淋	3.0
其他公共场所	无喷淋	8.0
	有喷淋	2.5
汽车库	无喷淋	3.0
	有喷淋	1.5
厂房	无喷淋	8.0
	有喷淋	2.5
仓库	无喷淋	20.0
	有喷淋	4.0

则仓库起火后的无喷淋情况下热释放速率应该取 20 MW，$\alpha=0.044$，代入公式中，得出热释放速率达到最大值的时间（即火灾增长时间）$t=673.19$ s，取为 675 s。有喷淋时，热释放速率应取 4 MW，代入式（8.5）中得热释放速率达到最大值的时间是 301.5 s，取 302 s。规范规定，当有喷淋时，若净空高度超过 8 m，应视为无喷淋。故时间仍应取 675 s。风险评估意见认为，当安装了快速响应喷头，由于其响应时间指数 RTI≤50 ms，一般比标准响应喷头动作快一倍，可以考虑取一半时间，为 337.5 s。同时考虑到附近消防队距离较近，可以在 5 min 内抵达并在有喷淋干预的情况进行灭火扑救，所以认为 350 s 时间可以覆盖。

8.3.3　网格的设置

网格被划分为的数量取决于所需显示流动动态的分辨率。网格的精细程度直接影响数值模拟的最终结果。

特征火焰直径 D^* 的计算式为

$$D^* = \left(\frac{Q}{\rho_0 c_p T_0 \sqrt{g}} \right)^{\frac{2}{5}}$$

（8.6）

式中：D^* —— 火源特征直径，m；

Q —— 火源热释放速率，kW；

T_0 —— 环境温度，K，取 $T_0=293$ K；

ρ_0 —— 空气密度，kg/m³，取 $\rho_0=1.2$ kg/m³；

c_p —— 空气的比定压热容，取 $c_p=1.02$ kJ/(kg·K)；

g —— 重力加速度，取 $g=9.81$ m/s²。

设计热释放速率为 20 MW 时，代入式（8.6）计算得出 $D^*=3.1$ m，有学者研究表明，特征火焰直径与网格尺寸为约 10 倍的关系，即网格尺寸为 0.3 m×0.3 m×0.3 m，此时 FDS 计算量很大,且无法完整划分模型,取网格大小为 $0.5\ m\times0.5\ m\times0.5\ m$,好处是优化了计算速度,同时保证精度,且能够完整划分模型。网格总数是 104976,在模型树节点中点击 Model,再点击 Edit Meshes,将网格设置成 $0.5\ m\times0.5\ m\times0.5\ m$ 尺寸,设置完成后如图 8.6 所示。

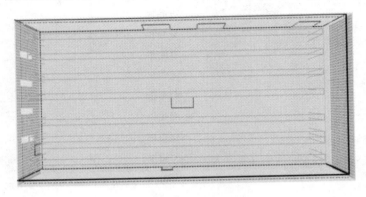

图 8.6　网格划分示意图

8.3.4　切片设置

各参数的平面切片设置在 $1.6\ m$ 高处,在 Output 菜单上点击 Slices 即可进行切片设置,便于直观查看起火后该高度处温度、能见度、CO 浓度的分布情况,如图 8.7 所示。

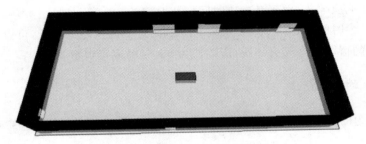

图 8.7　各参数平面切片示意图

8.3.5　测点及探测设备设置

热烟气从产生到排出室外的时间较长,会引燃热烟气流经处的室内可燃物,使室内陷入烟雾浓、温度高、能见度低的高危状态,对建筑结构安全造成威胁,也不利于人员疏散和灭火救援的展开。由于大空间火灾烟气温度较低,因此仅以烟气温度作为评估参数不足以描述火灾的发展情况,还需考虑其他参数。烟气层高度可用于分析水喷淋对烟气沉降作用,此外在火灾疏散研究中,设定烟气层高度阈值以得到疏散可用时间也是普遍采用的分析方法。仓库发生火灾时产生的烟气浓度能够影响仓库的能见度,能见度是影响仓库人员逃生的一个关键因素,所以,在火灾灾变过程中对烟雾浓度的监测是一个重要点。

切片上设置三个测试点,分别是起火点正上方的测点 $0(x=29.2\ m,y=13.6\ m,z=$

1.6 m),两个安全出口处分别设置测点 1($x=0.2$ m,$y=2$ m,$z=1.6$ m)和测点 2($x=27.2$ m,$y=0.5$ m,$z=1.6$ m),如图 8.8 所示。每个测点处分别设置能见度测试、温度测试、CO 浓度测试和烟气浓度测试装置。三个测试点都在 1.6 m 高的切片上,测点 0 检测起火点处的变化,测点 1、2 用于判断安全出口处的变化情况。

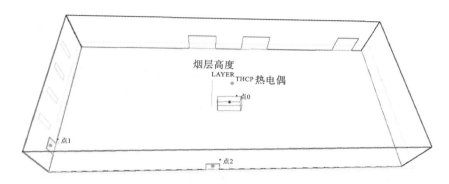

图 8.8　测点布置图

同时在起火点正上方 8 m 处设置热电偶测量该点温度,在 Devices 菜单中点击 New Thermocouple 进行设置。在 Devices 菜单中点击 New Layer zoning Device 可以设置烟气层高度测量装置等附件设施。

8.3.6　喷淋设施设置

根据风险评估建议,应在仓库增加喷淋设施。按照仓库危险二级设计,采用标准覆盖面积快速响应喷头,响应时间指数 RTI＝50 ms,作用面积 200 m²。单个喷头的覆盖面积为 18 m²,动作喷头数为 12。喷头的作用温度是 74 ℃,喷头设置高度为 8.7 m,距离顶棚距离 300 mm,在仓库内平均分布,喷头间距 3 m,共布置 162 只喷头,如图 8.9 所示。

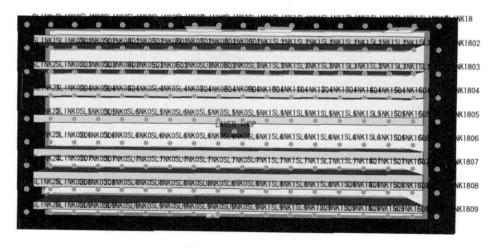

图 8.9　喷头布置模型

自动喷水灭火系统喷头连接模型用于设置喷头的连接类型,用户可以在相应的参数框中输入喷头连接参数值。点击 Devices 菜单,点击 New Sprinkler Link Models,在弹出的 Sprinkler Link Models 对话框中进行喷头连接模型的设置,如图 8.10(a)所示。喷雾模型(Spray Model)用于设置自动喷淋灭火系统在火灾环境中的喷雾参数,其中包括流速、压力、喷淋半径等重要参数。在 PyroSim 程序中自带了 Fuel Spray(燃料喷雾)和 Water Spray(水喷雾)两种基本模型。用户可以点击 Devices 菜单,再点击 New Spray Models,在弹出的如图 8.10(b)喷

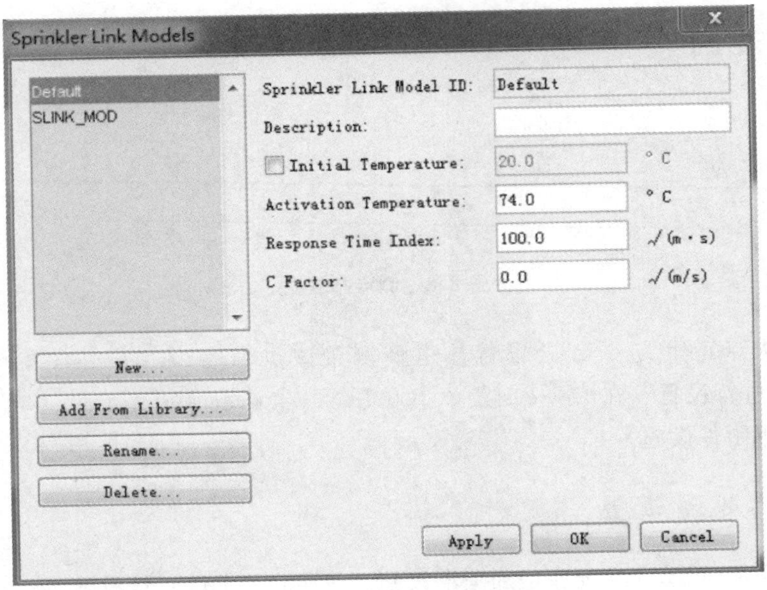

(a)

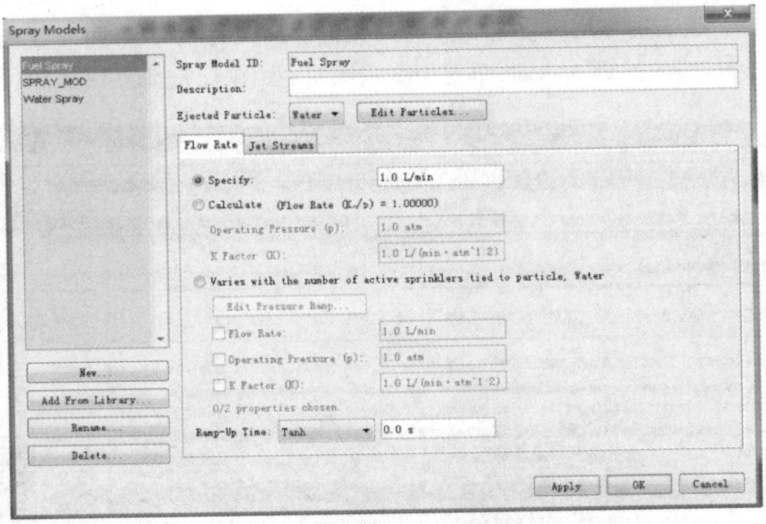

(b)

图 8.10 喷头布置设计界面

雾模型对话框中设置。

8.3.7　排烟天窗布置情况

根据《建筑防烟排烟系统技术标准》GB 51251—2017(见表 8.3),无喷淋时,选择自然排烟方式下,9 m 高仓库的计算排烟量为 38.5×10⁴ m³/h,自然排烟口风速为 1.26 m/s。

表 8.3　工业建筑中空间净高大于 6 m 场所的计算排烟量及自然排烟窗口风速

		办公室、学校 /(×10⁴ m³/h)		商店、展览厅 /(×10⁴ m³/h)		厂房、其他公共建筑 /(×10⁴ m³/h)		仓库 /(×10⁴ m³/h)	
		无喷淋	有喷淋	无喷淋	有喷淋	无喷淋	有喷淋	无喷淋	有喷淋
空间净高 /m	6.0	12.2	5.2	17.6	7.8	15.0	7.0	30.1	9.3
	7.0	13.9	6.3	19.6	9.1	16.8	8.2	32.8	10.8
	8.0	15.8	7.4	21.8	10.6	18.9	9.6	35.4	12.4
	9.0	17.8	8.7	24.2	12.2	21.1	11.1	38.5	14.2
自然排烟窗(口)部风速 /(m/s)		0.94	0.64	1.06	0.78	1.01	0.74	1.26	0.84

自然排烟窗(口)面积是计算排烟量与自然排烟窗(口)处风速的商;当采用顶开窗排烟时,其自然排烟窗(口)的风速可按侧窗口部风速的 1.4 倍计。

没有喷淋时,自然排烟窗(口)面积为

自然排烟窗(口)面积(S)=计算排烟量(Q)/自然排烟口处风速(v)

计算如下:

$$S = \frac{(38.5×10^4/3600)\ \text{m}^3/\text{s}}{1.26\ \text{m/s}×1.4} = 60.66\ \text{m}^2$$

排烟系统的设计风量不应小于该系统计算风量的 1.2 倍,所以

$$60.66\ \text{m}^2×1.2 = 72.8\ \text{m}^2(\text{无喷淋})$$

当工业建筑采用自然排烟方式时,排烟窗水平距离不应大于建筑内空间净高的 2.8 倍,即

$$2.8×9\ \text{m} = 25.2\ \text{m}$$

自然排烟窗(口)宜分散均匀布置,且每组的长度不宜大于 3.0 m;设置屋顶自然排烟窗 12 个,每个长 3 m,宽 2 m,排烟窗水平间距 6 m,垂直间距 7 m,如图 8.11 所示。

8.3.8　工况设置

根据风险评估建议,仓库增加喷淋系统。共设置三种工况,如表 8.4 所示。

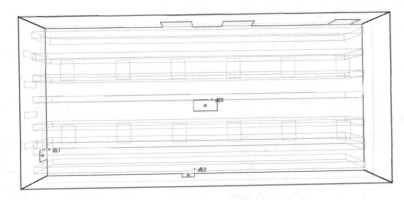

图 8.11　无喷淋时自然排烟口的分布情况

表 8.4　三种工况对比表

序号	喷淋	自然排烟	模拟时间/s	备注
1	×	×	700	无喷淋、无排烟
2	×	√	700	无喷淋、有排烟
3	√	×	400	有喷淋、无排烟

　　工况 1：作为维持现状的对比组，主要描述无消防设施干预时仓库起火后的反应。

　　工况 2：有排烟无喷淋，相较于增加喷淋系统，增加自然排烟需要的投资较少。在初期火灾时将大量烟气排出，有利于人员疏散。

　　工况 3：有喷淋无排烟，使用喷淋系统进行初期火灾的扑救。

　　定义结束时间：在 FDS 菜单上点击 Simulation Parameters，弹出如图 8.12 所示 Simulation Parameters 对话框，在 Simulation Title 文本框中键入 Air flow，然后在 End Time 文本框中键入 700.0。

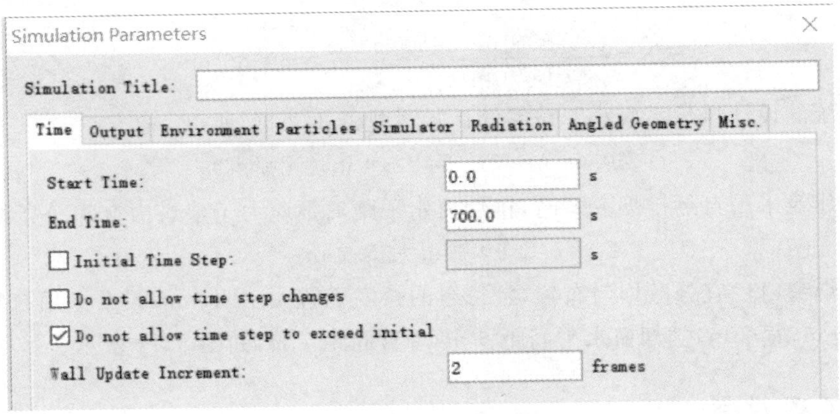

图 8.12　定义模拟参数

8.4　高架仓库火灾危险性分析

在 PyroSim 的 FDS 菜单上点击 Run FDS,选择一个位置(如 F 盘)来保存 FDS 的输入文件,并将输入文件命名文件 warehouse fire. fds,点击 OK 保存文件,弹出如图 8.13 所示 FDS Simulation 对话框模拟火灾。FDS Simulation 对话框能显示模拟的进展,整个模拟运行时间约为 700 s。

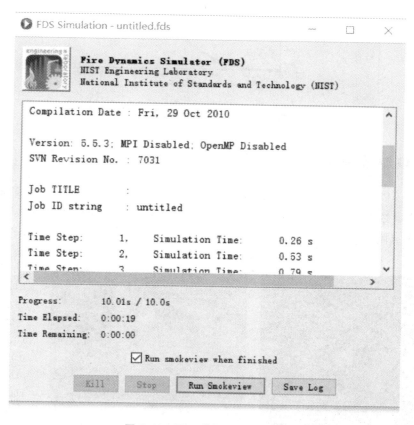

图 8.13　FDS 模拟运行对话框

运行完后弹出 Smokeview 查看结果。在 Smokeview 程序中,点击右键,在出现的快捷菜单中选择 Show/Hide→Textures→Show All,即可显示热释放速率等值面和切片平面上的等温线等。

在 PyroSim 窗口中选择 FDS 菜单,点击 Plot Time History Results,出现一个 2D 显示的结果文件清单的对话框,在这个对话框中可以查看热释放速率随时间变化的历史结果,如图 8.14 所示。

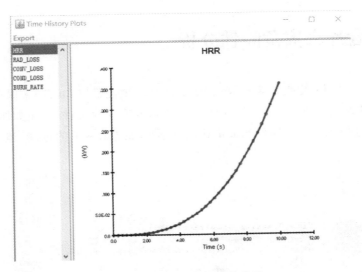

图 8.14　热释放速率变化曲线

8.4.1　CO 浓度分析

当空气中 CO 含量达到 1‰,吸气数次后人就会失去知觉,1~2 min 后就会丧命。研究了三种工况下 CO 浓度的变化。图 8.15 展示了工况 1 的 CO 浓度分布情况:190 s 之前,CO 主要聚集在起火点附近,从 190 s 开始,CO 迅速蔓延,发展至 670 s,CO 分布在整个平面。

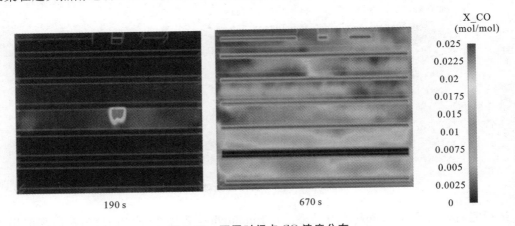

图 8.15　不同时间点 CO 浓度分布

而工况 2 有排烟系统情况下,三个测点的 CO 浓度水平相对较为稳定,但分别在 50 s、280 s、350 s 有明显变化,如图 8.16 所示。

在喷淋的情况下(工况 3),如图 8.17 所示,130 s 开始两个安全出口开始探测到 CO,到320 s 时,CO 即将蔓延到整个平面,360 s 时,起火点、西出口、南出口三点的 CO 浓度基本接近。

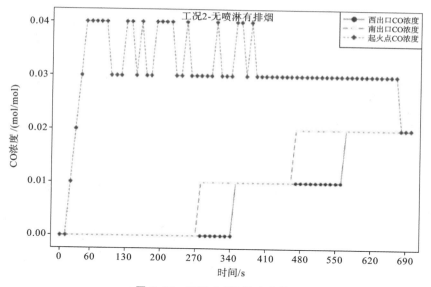

图 8.16　工况 2 CO 浓度曲线

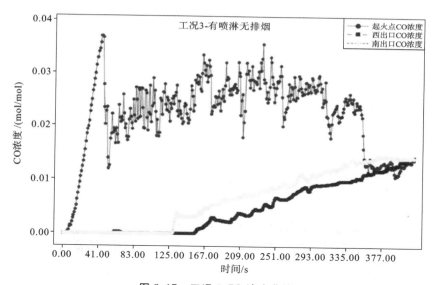

图 8.17　工况 3 CO 浓度曲线

8.4.2　测试点能见度分析

在火灾中,能见度决定了被困者能否及时找到安全出口。以工况 2 和工况 3 为例,其中 10 s 火源点处的能见度降到 0.6 m,150 s 西出口降到 7.8 m,190 s 南侧出口能见度降到 9.4 m,如图 8.18 所示。在工况 3 中,在起火点,4 s 后能见度只有 6.3 m,已经超过 10 m 能见度的底限。而在南侧安全出口,130 s 能见度为 11 m,进入 131 s 能见度已经降到 0,西出口,156 s 能见度为 8.6 m,能见度即将降为 0。

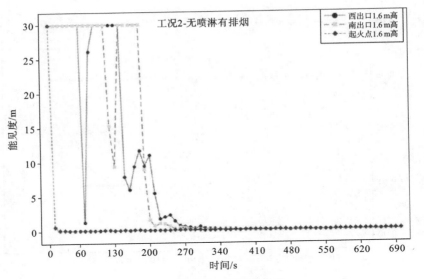

图 8.18　工况 2 能见度曲线

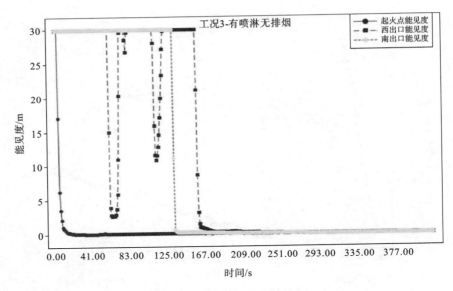

图 8.19　工况 3 能见度曲线

8.4.3　喷头动作情况分析

对起火点正上方喷头及其周围共 9 只喷头进行分析,判断喷头的启动时间和启动顺序。喷头开启如图 8.20 所示。对三种情况进行分析,分别是:① 无排烟情况下快速响应喷头动作;② 有排烟情况下快速响应喷头动作;③ 无排烟情况下 ESFR(早期抑制快速响应)喷头动作。其中,喷头都是感应到温度到达 74 ℃时动作,快速响应喷头响应时间系数 RTI=50,ES-FR 喷头的 RTI=27。喷头动作时间见表 8.5。

图 8.20　喷头开启示意图

表 8.5　三组喷淋动作时间表

动作顺序	喷头名称	喷头位置	第①动作时间/s	第②动作时间/s	第③动作时间/s
1	SPRK82	火源上方	44	43	37
2	SPRK83	火源东侧	60	61	53
3	SPRK64	火源南侧	62	65	58
4	SPRK100	火源北侧	68	66	63
5	SPRK101	火源东北侧	63	69	64
6	SPRK65	火源东南侧	72	69	65
7	SPRK63	火源西南侧	74	71	67
8	SPRK99	火源西北侧	85	82	76
9	SPRK81	火源西侧	85	91	76

第①组 44 s 时第一只喷头动作,60 s 时第二只喷头动作,62 s 第三只动作。第一只与第二只动作时间间隔 16 s,体现了喷头对火焰的压制作用,减缓了温度的上升。第②、③组均表现类似间隔。三组均为火源西侧的 SPRK81 喷头最后一个动作,体现了喷头的跳跃式开启。由于中心喷头降温作用,影响了 SPRK81 喷头动作。通过第①、②组对比,发现开启排烟未对喷头的开启造成滞后效应。通过第①、③组对比,了解到 ESFR 喷头比快速响应喷头普遍提前 6 s 开启。

我国消防队出警较快,但是往往受限于交通状况,很难最短时间抵达起火点。此时,仓库立足自防自救就显得非常必要。其中仓库自动喷淋系统是非常有效的设施,经多年实践,98% 安装喷淋的现场都能够对初期火灾进行扑救,但仍有部分现场由于喷头启动慢而导致扑救不及时。其中有些是因为高大空间温度聚集慢,导致喷头启动不及时。自动喷淋系统国际标准 NFPA13—2010 对 ESFR 喷头在托盘式、堆垛式、货架式仓库及橡胶、卷筒纸等特殊存储物品仓库中的应用参数均做出详细规定,而我国的国家标准《自动喷水灭火系统设计规范》(GB 50084—2017)在此方面还不够完善,国内对于喷头的布置一般采取作用面积法或特性系数法,而这些方法均是范围系数,所以模拟结果对于托盘式货架仓库喷淋系统的布置,能够起到一定的验证意义。

8.4.4　切片温度分析

图 8.21 是工况 3 下,温度动态变化的云图,由于喷淋系统的存在,在起火初期 50 s 已经开始进行火势的控制,到 100 s 时已经开启 9 只喷头,所以仓库整体温度较低。300 s 时,可见仓库火势已经转入下降通道。同时可见火势往东侧发展的趋势,这可能是和西侧开启的侧窗有关。因为在本模拟中,按照 PyroSim 软件的定义,西侧侧墙窗户定义为通风口。

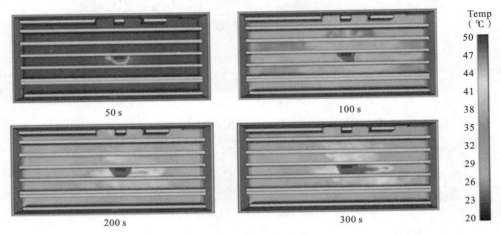

图 8.21　工况 3 切片温度变化

8.4.5　烟气层高及浓度分析

烟气层高度变化如图 8.22 所示。工况 1 和工况 2 总体趋势较为相近,且上下幅度较大,

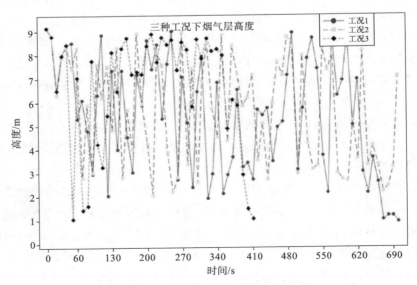

图 8.22　三种工况下烟气层高度变化

显示出烟气在垂直方向上的运动情况。工况 3 总体比较稳定,且烟气层高集中在 6～9 m 之间,说明在喷淋作用下,中下层烟气被水滴作用消散。另外,在火灾初期,40～100 s 之间,即起火点上方 9 个喷头动作的过程中,由于火势尚且不大,烟气被喷淋启动整体压制,烟气层高急剧下降,最低触及 1 m。而 400 s 左右,烟气层高也进入下行,是由于火势已经渐渐熄灭,烟气温度不足,无法进一步提升高度。在整个模拟中,工况 2 的烟气层高比工况 1 的普遍偏高,显示出排烟口对烟雾上升的促进作用。

如图 8.23 所示,40 s 之前,三种工况下的烟气浓度均有快速蹿升,待喷淋整体系统启动后,工况 3 的烟气浓度有明显下降并能够稳定在较低水平上。工况 1 和工况 2 整体趋势较为接近,但工况 2 由于烟气能够及时排出,烟气浓度较为稳定。工况 1 波动较大,显示受到紊流的影响比较明显。可见喷淋对烟气的消解作用较为明显。

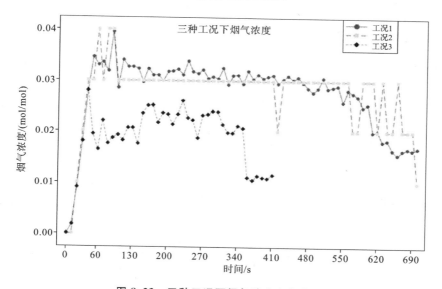

图 8.23　三种工况下烟气浓度变化曲线

8.5　本章知识清单

8.5.1　现场模型

现场模型或计算流体动力学(CFD)模型提供了一种使用 N-S 方程的数值解对通过体积的流体流动进行建模的方法。守恒质量、动量和能量的偏微分方程的解近似为在许多控制体积上的有限差分。在大多数 CFD 软件中,可以在一段时间内执行这些计算以提供瞬态解决方案。CFD 模型通常不像区域模型那样使用两个或三个控制量,而是通常由数十万(或数百万)个控制量组成。与使用区域假设的模型相比,这可以实现更好的分辨率,但是代价是需要更多的计算资源,并且需要延长几天、几周甚至几个月的模拟时间。除了解决湍流和浮力等流体现象外,使用 CFD 模型模拟以火为动力的流动还应考虑物理现象,例如热气体的扩散、热辐射,以及对烟雾和水颗粒的跟踪。

8.5.2 大涡流流体力学模型(LES)

FDS 利用了大涡流流体力学模型(LES)来处理火场流体的紊态流动,相比直接数值模拟(DNS)和雷诺平均模拟(RANS)具有明显优势。如 FDS 的求解更精确、求解范围更大,能够对大涡和小涡两种流动类型区别对待,精确求解;也能对工程实际中存在大量高 Re 的湍流流动过程求解。模拟求解后可获得相关测量点处温度、CO 浓度、O_2 浓度、能见度等一系列火灾数据。

8.5.3 火灾燃烧机理

科学界常用游离基的连锁反应理论来解释燃烧的机理。游离基是一种瞬变的不稳定的化学物质,它们可能是原子、分子碎片或其他中间物,反应活性非常强,在反应中成为活化中心。在火灾燃烧过程中,物质会改变原有的性质而变成新的物质,还伴随着释放大量的热量。在火灾工程计算时,可燃物的燃烧热是一个经常使用的重要参数。发光、放热和生成新物质是燃烧现象的三个基本特征,是区分燃烧和非燃烧现象的重要依据。

本章参考文献

[1] 陈同刚,张为,杨丙杰.自动化立体仓库自动喷水灭火系统设计探讨[J].给水排水,2016,52(6):94-97.

[2] 谭斌.基于软件 FDS 的建筑火灾模拟研究[D].衡阳:南华大学,2010.

[3] 黄治成,张浩.基于 Pyrosim 的高层建筑火灾烟气蔓延规律研究[J].消防界,2022(16):96-99.

[4] ZHONG M H,LI P D,LIU T M, et al. Experimental study on fire smoke movement in multi-floor and multi-room building[J]. Science in China (E),2005,48(3):292-304.

[5] 陈全.人在火灾中的行为规律及计算机仿真[D].沈阳:东北大学,1997.

第9章 数值模拟技术在爆炸事故中的应用

近年来,我国化工行业发展势头日益迅猛,逐渐成为我国工业核心产业结构的一部分。与此同时,化工行业原料多变、工艺复杂、设备繁多、生产条件变化大等特点导致化工园区逐渐成为事故频发的高风险区域。液化石油气(LPG)是化工行业中极为常见的重要原料,它是由天然气或者石油进行加压降温液化所得到的一种无色挥发性液体,极易自燃,当其在空气中的含量达到了一定的浓度后,遇到明火就能爆炸,且容易发生连锁反应。合理地利用数值模拟技术能够预测其爆炸时的危害,以便及时制定相应的对策,降低安全隐患。

LPG 与其他燃料相比具有资源丰富、热值高、污染小、价格低、运输方便等优点,因此被广泛用作工业、商业、民用燃料。同时,LPG 的化学组成决定了它也是一种非常有用的化学原料。LPG 泄漏时形成空气-LPG 混合物,会造成大面积的危险区域,容易导致闪火、喷射火、火球或蒸汽云爆炸[1],爆炸速度达到 20~30 km/s,火焰温度高达 2000 ℃,产生强烈的热辐射和冲击波超压,造成人员伤亡、建筑设施破坏,因此 LPG 的安全性一直备受关注。

9.1 应用需求分析

9.1.1 爆炸的危害

化工生产具有高度自动化、密闭化、连续化的特点,随着工艺的不断发展变化,大型、高温、高压设备日益增多,火灾爆炸事故时有发生,一旦发生火灾或爆炸事故,造成的损失不可挽回。

爆炸的破坏形式通常有直接的爆炸作用、冲击波的破坏作用和火灾等三种,后果往往都比较严重。

(1)直接的爆炸作用。爆炸对周围设备、建筑和人直接产生作用,造成机械设备、装置、容器和建筑的毁坏和人员伤亡。机械设备和建筑物的碎片飞出,会在相当范围内造成危险,碎片击中人体则极易造成伤亡。

(2)冲击波的破坏作用,也称爆破作用。爆炸时产生的高温高压气体产物以极高的速度膨胀,像活塞一样挤压周围空气,把爆炸反应释放出的部分能量传给压缩的空气层。空气受冲击波而发生扰动,这种扰动在空气中传播就成为冲击波。冲击波可以在周围环境中的固体、液体、气体介质(如金属、岩石、建筑材料、水、空气等)中传播。在传播过程中,可以对这些介质产生破坏作用,造成周围环境中的机械设备、建筑物的毁坏和人员伤亡。冲击波还可以在它的作用区域产生振荡作用,使物体因振荡而松散,甚至破坏。

(3)造成火灾。可燃气体(或可燃粉尘)与空气的混合物爆炸一般都会引起燃烧,形成火灾。盛装易燃物的容器、管道发生爆炸时,爆炸抛出的易燃物有可能引起大面积火灾。

9.1.2 LPG 固有危险性分析

LPG 的火灾危险性类别为甲 A 类。LPG 的主要成分为丙烷,还有部分丁烷,少量的丙烯、丁烯等,这些可燃气体组成的混合体系闪点为 -104 ℃,最小引燃能量约为 0.3 mJ,引燃温度为 426~537 ℃。LPG 燃烧值高,1 m³ LPG 燃烧发热量为 8.8×10^4 ~12.14×10^4 kJ。

LPG 罐车一般采用常温高压条件进行储存运输。根据《移动式压力容器安全技术监察规程》(TSG R0005—2011),LPG 槽车的罐体设计压力达 1.8 MPa(按照介质 50 ℃ 时饱和蒸气压的 1.00 倍确定)。在密闭槽罐内,LPG 具有较高的热膨胀系数,温度上升 1 ℃,丙烷压力上升 2.21 MPa,丁烷压力上升 1.53 MPa,因此温度升高就可能引起 LPG 的超压爆炸。LPG 的气化潜热较大,1 kg LPG 气化时,需要吸收约 402.4 kJ 的热量[2]。当 LPG 从槽罐内泄漏时,由液相转变为气相,需要吸收大量的热,产生结霜,造成周围人员冻伤。另外,LPG 蒸气具有一定的毒性,当空气中 LPG 蒸气浓度达到 10% 时,人就会出现呕吐、头晕、乏力、昏迷等中毒窒息反应。

9.1.3 模拟软件简介

PHAST 软件是国内常用的定量风险分析软件,它能够应用于物料泄漏速率的计算,气体、液体及气液两相流的大气扩散计算,评估火灾后果、毒气泄漏后果等。我国《石油库设计规范》的编制组也曾用该软件对火灾后果进行模拟分析,确定了油罐的安全设置距离[3]。

风险计算软件 PHAST 可对石油化工企业的泄漏事故进行模拟计算,结合厂区平面布局及其地理位置特征,分析危险化学品扩散、火灾和爆炸事故的后果,得出发生火灾和爆炸时的严重程度、影响范围等模拟结果。最后可根据模拟结果提出措施预防危化品储罐泄漏,阻碍或者削弱危化品泄漏导致的危害传播,从而为更加有效地预防和控制此类事故提供理论依据和参考。

9.2 LPG 槽罐车泄漏爆炸事故数值模拟原理

9.2.1 泄漏爆炸计算模型

PHAST 能对石油化工和天然气领域事故后果进行模拟计算,采用 Woodward 等在 20 世纪 90 年代初开发的 UDM 模型(unified dispersion model,统一扩散模型)来评估介质释放的扩散形式。UDM 主要包括了准瞬时模型和有限时间修正模型[4]。

9.2.1.1　准瞬时模型

准瞬时模型主要模拟一个持续释放的初始阶段,忽略了下风向的垂直和水平扩散效应。当某一点发生泄漏时,喷射的蒸气云在扩散过程中形成一个圆形云团,碰触地面后喷射的圆形云团变成半椭圆形。在准瞬时模型中,每个阶段假拟一个等效云团进行计算。

9.2.1.2　有限时间修正模型

有限时间修正模型是基于 SLAB 扩散模型派生出的 HGSYSTEM 公式,具有更好的理论基础和实践性,它考虑了下风向扩散影响,包括了湍流和垂直风切变的传播效应。该模型的局限性在于只能预测地面中心线的最高泄漏扩散浓度,适用于地面的无压释放,并且没有明显的凝雨扩散物。UDM 模型使用非平衡模型模拟液滴的蒸发效应,泄漏液体或凝结沉降物形成一个扩散蒸发池。同时,UDM 模型还应用了平衡模型和 H-F 特性平衡模型,可以模拟计算不同风速、压力、温度和高程等下的泄漏扩散。因此,UDM 模型适用于各种泄漏情形,任何气体泄漏模型都可以使用该模型进行泄漏扩散及其影响的模拟。UDM 应用的基本方程如下所示。

连续释放浓度方程:

$$c(x,y,\zeta)=c_0(x)F_h(y)F_v(\zeta) \tag{9.1}$$

$$F_h(y)=\exp\left\{-\left[\frac{y}{R_y(x)}\right]^{m(x)}\right\} \tag{9.2}$$

$$F_v(\zeta)=\exp\left\{-\left[\frac{\zeta}{R_z(x)}\right]^{n(x)}\right\} \tag{9.3}$$

瞬时释放浓度方程:

$$c(x,y,\zeta,t)=c_0(t)F_h(x,y)F_v(\zeta) \tag{9.4}$$

$$\zeta=z-z_{cLd}(t) \tag{9.5}$$

$$F_h(x,y)=\exp\left\{-\left[\left(\frac{x-x_{cLd}(t)}{R_x(t)}\right)^2+\left(\frac{y}{R_y(t)}\right)^2\right]^{m/2}\right\} \tag{9.6}$$

式中:x,y,z——下风、侧风和竖直方向;

　　　$x_{cLd}(t)$——下风向云团的距离,m;

　　　ζ——云团同时垂直于中心线和 y 轴方向上的最短距离,m;

　　　t——泄漏扩散的时间,s;

　　　z——地面以上的垂直高度,m;

　　　$z_{cLd}(t)$——云团中心线距地面的最短高度,m;

　　　c——云团任一点的浓度值,kg/m³;

　　　$c_0(x)$——喷射轴线上距泄漏点 x 处流体的浓度,kg/m³;

　　　$F_h(x,y)$——云团在 x 轴和 y 轴平面方向的分布函数;

　　　$F_v(\zeta)$——云团浓度在 z 轴方向的分布函数;

　　　m——云团浓度在 x 轴和 y 轴平面的水平分布指数,与大气稳定度有关;

　　　n——云团浓度在 z 轴方向的垂直分布指数,与大气稳定度有关;

R_x，R_y——在 x 轴和 y 轴平面的云团形体范围浓度轮廓定值，表示侧风向的扩散系数；

R_z——在 z 轴方向的云团形体范围浓度轮廓定值，表示垂直风向的扩散系数。

9.2.2 爆炸距离超压关系

气体爆炸产生的超压与参与爆炸的气体燃烧爆炸所释放能量、从测量点到云团中心的距离等有关。参照 TNO 多能法，以距离缩放因子处理从云团中心到测试点的距离，计算缩放后的折合距离。距离缩放因子的计算式为

$$S_{vol} = (E/p_0)^{1/3} \tag{9.7}$$

式中：S_{vol}——距离缩放因子；

    E——气云燃烧热，J；

    p_0——大气压强，Pa。

折合距离的计算如下式所示：

$$r_s = d/S_{vol} \tag{9.8}$$

式中：d——测试点距离云团中心的距离，m；

    r_s——折合距离，m。

9.2.3 LPG 槽罐车泄漏爆炸事故数值模型特征

本章将以"临沂金誉石化有限公司'6·5'罐车泄漏重大爆炸着火事故"为例，利用 PHAST 软件对 LPG 槽罐车泄漏爆炸火灾事故的后果进行模拟计算，反演分析该起 LPG 泄漏爆炸事故的初期影响范围，为 LPG 的生产、储存、运输、使用等环节的安全管理和事故调查提供参考。

事故主要原因是肇事罐车的驾驶员在午夜进行液化气卸车作业时出现严重操作失误，没有严格执行卸车规程，导致储罐接口与罐车液相卸料管未能可靠连接，在开启罐车液相球阀时卸料管瞬间发生脱离，造成罐体内液化气大量泄漏，泄漏时长达 2 分 10 秒泄漏后 LPG 急剧气化，迅速向四周扩散，与空气混合形成爆炸性混合气体，在达到爆炸极限后，遇到点火源发生了爆炸。液化气泄漏区域的持续燃烧，先后导致了泄漏车辆罐体、装卸区内停放的其他运输车辆罐体发生爆炸。本次事故释放的爆炸总能量为 31.29 t TNT 当量，产生的破坏当量为 8.4 t TNT 当量（最大一次爆炸）。

9.3 LPG 槽罐车泄漏爆炸事故数值模拟

9.3.1 LPG 槽罐车几何模型的建立

在建立模型时，首先要确定事故发生的周围环境的天气情况，如温度、风速、大气稳定度、风向等参数；其次，要调查 LPG 罐车的泄漏情况，如泄漏方式、泄漏尺寸、罐体容积以及泄漏压

力等参数。为了更加直接地观察事故的影响范围,需先选择一张事故发生场景的地图照片,事故的模拟结果能够在地图中展示出来。

事故当日天气为晴,气温 20 ℃,东北风 4~5 级,大气稳定度为 F。储罐车容积为 60 m³,泄漏孔径约为 0.5 m(液相输出管口的直径),泄漏孔径位置离地面约 0.5 m。LPG 含有丙烷、丁烷、丙烯等多种化学成分,为方便定量分析,计算中设置 LPG 由丙烷和丁烷组成,体积比为1∶1,质量比为 6∶4。

9.3.2　事故模型参数输入

根据对事故经过的研究和分析,结合 LPG 的性质、事故周边环境和天气状况,确定该起事故的模型参数,见表 9.1。

表 9.1　事故模型参数

泄漏源	泄漏方式	泄漏尺寸/mm	罐体容积/m³	泄漏压力/MPa
LPG	孔径泄漏	50	60	0.6
温度/℃	大气稳定度	风速	风向	泄漏高度/m
20	F	4~5 级	东北风	0.5

9.3.3　PHAST 设置步骤

本章的示例将利用 PHAST 软件,目的是为了通过 PHAST 软件再现该起 LPG 罐车爆炸事故的初期过程,能够为危险化学品泄漏爆炸事故的安全管理、事故调查及事故后果反演提供帮助[5]。以下是 PHAST 的设置步骤。

1. 分析中定义的设备和场景

分析的主要目的是为了定义设备和场景来代表最常见的危险事件类型,以及如何考虑主要变量。分析中考虑的危险事件类型如下:

(1) 含有毒物质的容器破裂;

(2) 管道从含有毒物质的容器的液体侧泄漏;

(3) 管道从容纳有毒物质的容器的气体侧泄漏;

(4) 与上述事件(1)(2)(3)等效的三个释放,但容器为含有易燃材料的容器;

(5) 正常运行条件下 LPG 罐车的破裂;

(6) LPG 罐车车身的液体泄漏。

在本次模拟中,应将场景定义为 LPG 罐车车身的液体泄漏。

2. 创造一个新的工作空间

要创建一个新的工作区,需先使用"新建文件夹"选项创建一个带有名称的文件夹,然后将新文件保存到该文件夹,文件名称为 Tutorial,采用默认的 .psux 文件格式。

- 1.5/F 天气类型
- 1.5/D 天气类型
- 5/D 天气类型

图 9.1　天气文件夹

3. 定义天气参数

打开天气文件夹,定义天气参数,默认包含了三种天气的天气文件夹如图 9.1 所示。

4. 设置地图图片

地图的图像以 .tif 文件格式提供,插入光栅图像,将图像放置在 GIS 输入视图后设置图像的坐标和大小。当单击"插入"对话框中的"确定"时,如果未显示"GIS 输入视图",则会在"视图"中显示"拖动框来定义栅格图像大小和位置"的说明,如图 9.2 所示。

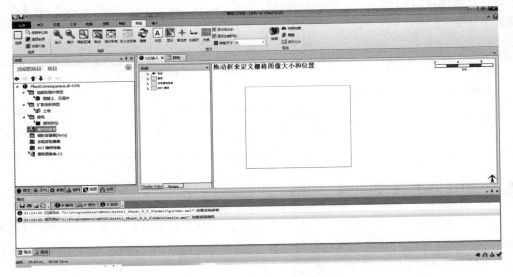

图 9.2　设置界面

光标将以十字准线的形式显示,必须拖放才能将图像放置在"视图"中。通过拖放设置图像的地图坐标的初始值,在下一步中将其设置为正确的值。点击鼠标开始定位,按住鼠标左键,向下拖动 GIS 区域。当释放鼠标按钮时,完成栅格图像的位置定义,并完成插入过程。

5. 定义含储存 LPG 的压力容器

移动到模型选项卡部分。该容器是在饱和条件和环境温度下含有 LPG 体积为 60 m³ 的罐体。

6. 打开在 GIS 上插入设备的选项

在模型选项卡中,打开在 GIS 上插入设备的选项,然后在 GIS 视图中将设备项目插入到大致正确的位置,如图 9.3 所示。

7. 设置材料

在材料选项卡中设置材料和储存条件。设置材料时,从系统材料下拉列表中选择 LPG,并输入压力和温度值。设置存储条件后,要释放的相位将被默认设置为 Liquid,如图 9.4 所示。

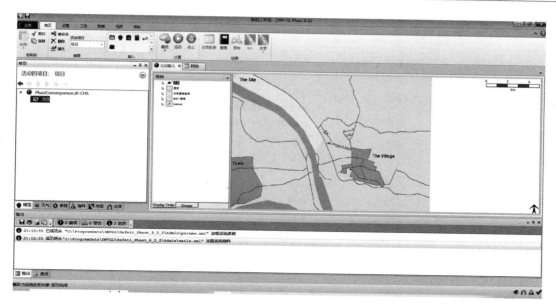

图 9.3　GIS 视图设置界面

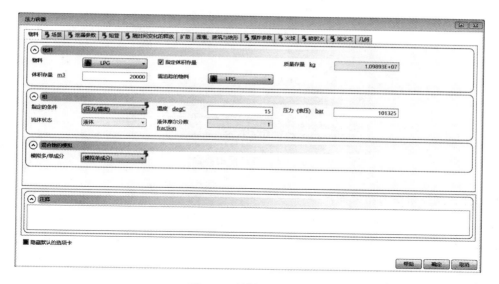

图 9.4　材料设置界面

8. 定义突发场景

选择压力容器节点,然后从右键菜单中选择插入泄漏并设置输入数据。

9. 运行场景计算

选择场景,然后从在功能区栏的主页选项卡中选择运行,进行场景计算。

10. 查看图集

计算完成后,查看所有天气图,并查看 GIS 结果视图(见图 9.5)。选择方案,然后点击功能区主页选项卡上的图表选项,在选择天气对话框中选择所有三个天气。

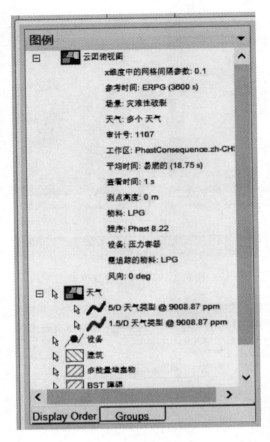

图 9.5　结果视图界面

11. 查看室外杀伤力结果图

在研究树中选择灾难性破坏方案,然后点击功能区主页选项卡上的 GIS 按钮出现选择天气对话框,该对话框会列出已执行计算的"天气",与查看图表时相同。确保选中了所有的天气,然后点击确定继续。暂停后,将打开"GIS 结果视图",GIS 结果视图在"文档查看"区域中显示为单独的选项卡。GIS 结果视图在 GIS 上显示效果结果,即相对于地图的背景。

9.4　LPG 槽罐车泄漏爆炸事故危险性分析

9.4.1　事故计算结果

在程序中,给定的图形视图可以显示单个方案的多个天气的结果,或单个天气的多个方案的结果。首先移动到研究树的天气选项卡,然后选择要查看其结果的天气。在此示例中,选择类别 1.5/F 天气。这是具有最稳定条件的天气,并且可能给出最长的色散距离。

选择 Weather 节点后,单击功能区栏的"主页"选项卡上的"图形"(或按 Ctrl+G),出现如图 9.6 所示的对话框,给出我们选择要查看其结果的场景组合。点击确定,图形视图将在文档视图区域打开。

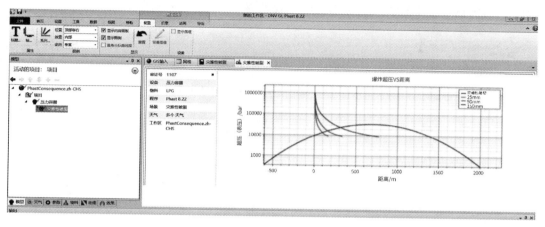

图 9.6　LPG 槽车卸料管泄漏爆炸超压-距离事故后果

图 9.6 显示了天气类别为 1.5/F 时,LPG 槽车不同泄漏直径分别对应的爆炸超压和距离的关系。PHAST 软件在计算时会将某些释放分成段,以便更好地描述 LPG 在泄漏过程中释放性质的详细变化。图中包含了四种方案的结果,可根据研究需要选择特定方案进行分析。

将相关参数输入到 PHAST 软件中,得到 LPG 槽车卸料管泄漏爆炸超压-距离事故的后果,如图 9.7 所示。

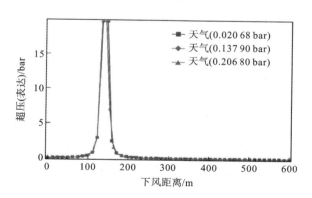

图 9.7　LPG 槽车卸料管泄漏爆炸超压-距离事故后果

根据 PHAST 事故后果模拟计算结果,在距离泄漏位置下风向约 145 m 处的爆炸超压可达到 2000 kPa,180 m 处的爆炸超压达 50 kPa。参考 OGP 风险评估手册[6],爆炸超压能够对地面造成爆坑的超压临界值为 2068 kPa,能够彻底摧毁房屋,造成工业建筑围墙结构破裂以及未加固的 200～300 mm 厚砖墙破裂。因此,模拟计算结果能够反映该范围内周边控制室、机柜间、配电室、办公室、化验室、值班室、仓库等厂区内建筑物墙体断裂或坍塌,装卸区被夷为平地的实际破坏情况。

图形视图不显示 GIS 上的任何结果,要查看此表单中的结果就必须打开一个 GIS 结果视图。默认情况下,GIS 结果视图显示云端结果,但功能栏的后果选项卡中的事件字段列出了当前 GIS 视图中包含的场景和天气可用的所有效果类型,如图 9.8 所示。

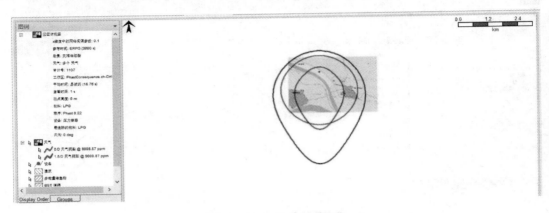

图 9.8　GIS 结果视图

图 9.8 为致死率为 0.1％时的 GIS 结果视图,图中最外圈线圈表示天气类型为 1.5/F 时发生事故对周围环境的影响范围,第二圈线圈表示天气类型为 1.5/D 时发生事故对周围环境的影响范围,最里圈线圈表示天气类型为 5/D 时发生事故对周围环境的影响范围。在图中,最大影响距离为室外 1.5/F 天气,最不稳定的条件为 5/D 天气。

默认情况下,针对多个场景或天气显示的效果级别是为场景定义的最低效果级别,默认情况下为 0.1％的致死率。若要将致死级别更改为 1％或 10％,需转至有毒参数选项卡,并在致命级别表中输入值 0.01 或 0.1 并确认。

9.4.2　事故后果分析

罐车泄漏过程中,首先物料泄漏形成蒸气云,并未直接发生爆炸,在泄漏 2 分 10 秒后与空气混合形成蒸气云,遇到明火等发生蒸气云爆炸。PHAST 程序计算了喷射火辐射量与点火位置距离之间的关系,以及闪火影响距离,如图 9.9、图 9.10 所示。

从上述两图可以看出,泄漏发生后发生火焰辐射,热辐射距离可以达到 400 m 左右,闪火影响距离可以达到 503 m。

图 9.11 为 LPG 槽车卸料管泄漏爆炸事故的最糟半径。可以看出,在距离下风向约 230 m 处的爆炸超压为 13.8 kPa,约 560 m 处的爆炸超压仅为 2.1 kPa。依据事故调查报告,该起 LPG 槽车卸料管泄漏爆炸波及的受损区范围为东南 350 m 处的金誉物流,西 320 m 处的异辛烷储罐和西北 350 m 处的科特石化办公楼西侧建筑。受建筑位置和结构等因素影响,同等距离范围内的建筑受损程度并不一致,周边 500 m 以外的建筑物也受到爆炸冲击波的影响。根

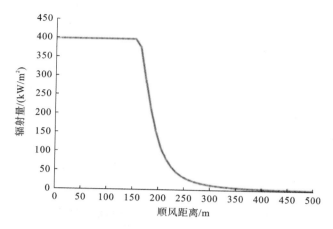

图 9.9　事故喷射火辐射量与距离关系

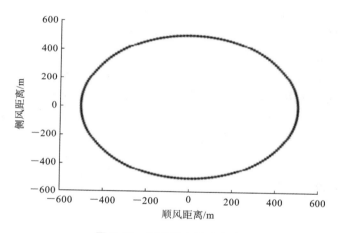

图 9.10　事故闪火影响距离

据 OGP 准则,350 m 处超压约为 27 kPa,500 m 处超压约为 4.8 kPa。因此可以判断,LPG 槽车卸料管泄漏爆炸后果还不能够达到 320～500 m 该事故报道的建筑物破坏程度。

通过 PHAST 模拟单个 LPG 槽车完全破裂后的事故后果,与实际爆炸致使装卸区内其他罐车相继被引爆的后果进行对比,得到的结果见表 9.2。

表 9.2　LPG 罐车完全破裂爆炸超压后果与实际后果

超压水平/kPa	损害描述	最大距离/m	对比结果/m
2.1	偶尔会有大玻璃窗破裂	900	
4.8	房屋结构轻微损坏	425	<500
27	建筑物包层结构和砖石结构破裂	230	<350

从单个 LPG 槽车完全破裂模拟结果可知,完全破裂造成的事故后果与实际事故破坏相比仍然偏小,这是由于第一次 LPG 槽车卸料管泄漏发生爆炸后,装卸区内罐车被引爆,15 辆周

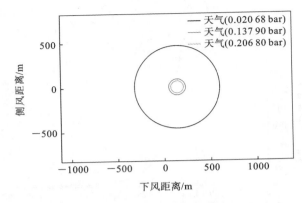

图 9.11　LPG 槽车卸料管泄漏爆炸事故的最糟半径

注：1 bar＝1×10⁵ Pa。

边罐车被损毁，罐车碎片击中并引燃 1000 m³ A1 号液化气储罐、1000 m³ 液化气罐组东侧管廊、2 座 2000 m³ 的异辛烷固定顶储罐等，所以该事故模拟结果能够被接受。

以上通过总结液化石油气(LPG)的固有危险性和泄漏事故类型，利用 PHAST 软件对某 LPG 罐车泄漏爆炸事故进行了后果模拟分析，模拟结果表明：LPG 罐车卸料管泄漏爆炸超压后果能够较好地反映爆炸中心实际破坏情况，但无法达到事故报道中 320～500 m 的建筑物破坏程度；LPG 罐车完全破裂模拟事故后果与实际事故破坏程度相比仍偏小，这与该起事故爆炸碎片击中周边储罐引发的多米诺效应密切相关。

9.5　本章知识清单

9.5.1　泄漏口方向对事故的影响

泄漏口方向对事故的影响较大，水平方向泄漏口的泄漏距离最远，导致闪火影响范围也最远。泄漏口垂直向下、水平时，二者的喷射火热辐射衰减曲线类似，远大于泄漏口方向朝上时的情况；泄漏口方向垂直向下时，扩散距离适中，容易形成液池，从而引发池火；喷射火和蒸气云爆炸的影响范围和强度都与泄漏口水平时相似；泄漏口方向向上时，扩散距离以及闪火和喷射火的影响范围最小，但易发生爆炸，其产生的冲击波超压致死范围增大。

9.5.2　大气稳定度对扩散的影响

不同的大气稳定度，对云团扩散产生了不同的影响，这主要是由于大气稳定度决定着气云在竖直方向上迁移扩散难易程度。当大气稳定度降低时，容器泄漏事件产生的气团与大气对流加剧，扩散的气团稀释较快，当大气稳定度升高时，大气湍流受到抑制，气团则不易扩散稀释；同时，大气稳定度降低时，泄漏产生气团的湍流活动也增加了气团与周围环境的能量交换，扩散的低温气体温度迅速上升,气团密度下降,从而导致气团最大足迹面积下降。

本章参考文献

［1］缪灿亮,张赛,王思. PHAST 软件在 LPG 储罐泄漏分析中的应用［J］. 石油化工安全环保技术,2013,29(6):10-13.

［2］朱伯龄,李孝春. PHAST 软件对液化天然气泄漏扩散的研究［J］. 计算机与应用化学,2019,29(11):1418-1422.

［3］赵震,马艳艳,张彤. 液化石油气槽车装卸过程中发生泄漏应急处置措施的探索［J］. 石油化工安全环保技术,2017,33(1):29-33.

［4］周玉希,蔡治勇. 基于 PHAST 软件的 LNG 储配站储罐泄漏扩散分析［J］. 重庆科技学院学报(自然科学版),2013,15(S1):12-16.

［5］中华人民共和国建设部,中华人民共和国国家质量监督检验检疫总局. 石油库设计规范:GB 50074—2002［S］. 北京:中国计划出版社,2003.

［6］OGP. Risk assessment data directory［EB/OL］.［2023-05-15］. https://www.doc88.com/p-8092844566954.html 2010.

第 10 章 数值模拟技术在应急疏散中的应用

随着当代城市化进程的不断推进,大量人口涌进城市与城市土地资源的有限性使得高层住宅在近年的城建中占据较高比例。高层建筑内空间环境复杂,人员众多,发生火灾时,建筑内的环境变化以及火势的动态参数会直接导致安全疏散难度加大。人员在恐慌、趋光、从众、冲动等心理作用下,难以冷静应对形势并做出逃离决策。因此,优化高层住宅安全疏散策略具有重要意义。

安全疏散紧关人们的生命财产安全,用火灾模拟软件将高层建筑内发生火灾时人员的疏散情况进行模拟,为高层建筑消防设计、火灾预防、人员疏散决策等提供有效的参考数据,对保障人民生命财产安全、减少国家经济损失等意义重大。

10.1　应用需求分析

一般意义上讲,应急疏散就是要使事故可能伤害的对象尽可能地迅速远离事故现场。应急疏散是在严密组织下的计划撤离,属于组织隔离行为;应急疏散既可以与抢险救援行为同时进行,也可以在抢险失败之后继续进行;应急疏散既是为了防止事态扩大,以免发生"城门失火、殃及池鱼"的灾难,同时也是为了方便事故处置和抢险救援行动[1]。

应急疏散半径越大,安全可靠性就越大。但疏散范围越大,应急行动的成本就越高,而且也会给社区乃至社会造成不必要的恐慌气氛。因此,寻找出一个合理的最小的安全疏散半径,并且保证被疏散者在可伤害浓度到达之前,拥有足够的时间撤退至最小安全疏散半径以外,是评判应急疏散工作成功与否的主要标志。实际疏散距离必须大于最小安全疏散半径才能保证疏散达到避险的目的。即实际疏散距离大于最小安全疏散半径就等于人员生存或健康;反之,则等于人员死亡或被伤害[2]。

10.1.1　高层建筑火灾中应急疏散的必要性

一般来说,在条件相同的情况下,高层建筑要比低层建筑火灾危险性大,且事故后果也更为严重。在高层建筑中,热对流是火灾蔓延的主要形式,火风压和烟囱效应是使火灾蔓延的动力,500 ℃以上的高温热烟是蔓延的条件。

高层建筑的特点,一是楼层多,垂直疏散距离长,人员需要较长时间才能疏散到安全场所;其二是发生火灾时,在烟囱效应作用下,烟气和火势纵向蔓延快,增加了安全疏散的困难,而平时使用的电梯由于不防烟火和停电等原因停止使用;其三是人员集中,容易出现混乱、拥挤的情况[3,4]。而且在疏散过程中人具有一种恐惧心理,往往是向熟悉的路线疏散,向明亮的路线疏散,也增加了疏散的困难。高层建筑的功能分区合理,交通路线通畅,人员安全疏散快捷,不仅反映了一个建筑物的实用性和经济性,同时还涉及人民生命财产的安全性问题。

10.1.2　模拟软件简介

利用 Pathfinder 软件可以对高层建筑火灾事故的应急疏散过程进行模拟,为制定合理的应急救援对策、减少人员疏散逃生的时间、保证人员的生命财产安全提供参考数据。

Pathfinder 是一套简单、直观、易用的新型的智能人员紧急疏散逃生评估系统。它利用计算机图形仿真和角色游戏技术,对多个群体中的每个个体运动都进行图形化的虚拟演绎,从而可以准确确定每个个体在灾难发生时最佳逃生路径和逃生时间。它能够快速建模,与 DXF、FDS 等格式的图形文件相结合,三维动画视觉效果展示灾难发生时的场景并构建建筑物区域分解功能,同时展示各个区域的人员逃生路径。

10.2　高层建筑应急疏散数值模拟原理

10.2.1　模型计算理论

Pathfinder 软件在进行模拟时主要运用启发式规划算法,该算法受昆虫、兽群等合作找寻食物的群体行为的启发,群体中的每个成员通过学习自身的经验以及其他成员的经验来不断地改变搜索前进的方向,是由本身或其他动物行为机制启发而设计出的分布式解决问题的策略方法。其中蚁群算法(ant colony algorithm,ACA)就是在疏散领域中运用的最为广泛的一种算法。

蚁群算法是由 Marco Dorigo 在 1992 年提出的一种仿生算法,该算法受到蚂蚁在觅食时行为的启发。蚁群算法的原理是蚂蚁觅食时趋于选择信息素浓度较高的路径前行,利用信息素的累积最终找出最短的路径。由于这种机制的存在,蚂蚁群体的总体表现为一种正向反馈的现象:即路径越短通过的蚂蚁越多。路径信息素浓度越高,导效更多的蚂蚁选择该路径,蚂蚁经过之后的路径信息素浓度加强。

蚂蚁群体之中通过信息素进行信息共享的行为和人类在突发事件下的疏散撤离中的沟通协助的行为有很大的相似之处,蚁群算法现今已经广泛应用在复杂建筑物突发事件时人员疏散路径规划之中。

算法过程如下。

(1) 解的表达公式,设连接线的两个节点分别为 P_t^1、P_t^2,则连接线上的其他点表达公式如下:

$$P_t^1(x_t) = P_t^1 + (P_t^2 - P_t^1) \times x_t \tag{10.1}$$

式中：x_t——比例参数，t 为通过的连接线数量。只要给定一组参数 $x_1, x_2, \cdots, x_t$，就能够得到一条从起始点到目标点的新路线。

（2）对每一只蚂蚁，从起点开始，选择下一步节点，选取规则如下。

当 $q < q_0$ 时：

$$j = J \tag{10.2}$$

当 $q \geqslant q_0$ 时：

$$j = \arg\max_{k \in I}(|\tau_{i,k}||\eta_{i,k}^\beta|) \tag{10.3}$$

式中：I——下一步连接线上全部点的集合；

q——$[0,1]$范围的随机数值；

q_0——$[0,1]$区间内的可变参数；

$\tau_{i,k}$——信息素；

$\eta_{i,k}$——启发素；

β——启发素因子。

在 q 满足区间条件时，选择信息素和启发素取大值节点；反之，计算当前节点到下一节点的选择概率 $P_{i,j}$，然后用轮盘赌的方法选择下一节点，计算公式为

$$P_{i,j} = \frac{\tau_{i,j}\eta_{i,j}^\beta}{\sum_{w \in I}\tau_{i,w}\eta_{i,w}^\beta} \tag{10.4}$$

（3）更新信息素，当每只蚂蚁在选取某一节点后，都要对该节点的信息素进行更新：

$$\tau_{i,j} = (1-\rho)\tau_{i,j} + \rho\tau_0 \tag{10.5}$$

式中：τ_0——信息素初值；

ρ——$[0,1]$区间内的可变参数。

在全部蚂蚁从起点移动到终点时，选择蚂蚁所经过的最短路线，并对每个节点的信息素进行更新：

$$\tau_{i,j} = (1-\rho)\tau_{i,j} + \rho\Delta\tau_{i,j} \tag{10.6}$$

式中：$\Delta\tau_{i,j} = 1/L^*$，L^* 为最短的路线长度；

ρ——$[0,1]$范围内的可调参数。

（4）检查是否到达最大迭代次数，如果是则结束迭代。

10.2.2 模型计算影响因素

1. 人员的行进速度

人员的行进速度与人员密度、年龄、灵活性和对建筑物的熟悉程度有关。研究发现，当疏散人员的密度小于 0.5 人/米² 时，人群在较为平整的地面上的移动速度能达到 70 m/min，而且不会发生相互拥挤，在这种人员密度情况下，人群下楼梯的速度也可达 51～63 m/min。

当人员密度在 3.5 人/米² 以上时，整个人群将会变得十分拥挤，人群基本无法行进。研究表明，人员密度与行进速度之间的关系可用数学表达式表示为

$$V = K(1 - 0.266D) \tag{10.7}$$

式中：V——人员的行进速度，m/min；

K——人员密度（不小于 0.5），人/米^2；

D——系数，水平通道取 $K = 84.0$，楼梯台阶取 $K = 51.8(G/R)^{1/2}$，G，R 分别表示踏步的宽度和高度。

2. 疏散准备时间

发生火灾时，通知人们疏散的方式不同，建筑物的功能和室内环境不同，人们得到发生火灾的消息并准备疏散的时间也不同。表 10.1 中提供了预测火灾确认时间的经验数据。

表 10.1　各种用途的建筑采用不同报警系统时人员响应时间统计

建筑物用途及特性	人员响应时间/min		
	报警系统类型		
	W1	W2	W3
旅馆公寓	<2	4	>6
旅馆或寄宿学校	<2	4	>5
医院、疗养院等社会公共机构	<3	5	>8
商店、展览馆、休闲中心等	<2	3	>6
办公室、商业或工业厂房、学校	<1	3	>4

注：W1——实况转播指示，采用声音广播系统；

W2——非直播声音系统或视觉信息警告播放；

W3——采用报警装置的报警系统。

10.2.3　人员疏散安全性判定准则

建筑物中人员疏散到安全区域所用时间 T_{RSET} 小于火势发展到超出人体耐受极限的时间 T_{ASET}，则符合人员安全疏散的要求[5]。安全裕度为 T_S，裕度越大则表明人员疏散越安全。即保证安全疏散的判定准则为

$$T_{RSET} + T_S < T_{ASET} \tag{10.8}$$

在分析火灾对疏散的影响时，一般从烟气温度、毒性气体的浓度、能见度等方面进行讨论。人员疏散安全判据指标如表 10.2 所示。

表 10.2　人员疏散安全判据指标表

项　　目	人体可耐受的极限
能见度	烟气层降到 2 m 以下时，大空间能见度大于 10 m
烟气温度	烟气层降到 2 m 以下时，持续 30 min 的小于临界温度 60 ℃
烟气毒性	一般 CO 判定指标为 2.5×10^{-3} kg/L

10.2.4 高层建筑火灾应急疏散数值模拟特征

以上海静安区"11·15"特大火灾事故为背景,利用疏散仿真软件 Pathfinder 进行数值模拟,研究火灾烟气蔓延特性和人员疏散规律。

(1)事故项目名称:上海静安区胶州教师公寓(728 号)节能墙体保温改造工程。

(2)项目内容:外立面搭设脚手架、外墙喷涂聚氨酯硬泡体保温材料、更换外窗等。

(3)大楼概况:大楼于 1998 年 1 月建成,公寓共 28 层,建筑面积 17965 m²,其中底层为商场,2～4 层为办公区,5～28 层为住宅,建筑高度 85 m。

2010 年 11 月 15 日 14 时 14 分,上海市静安区胶州路 728 号胶州教师公寓正在进行外墙整体节能保温改造,4 名无证焊工在 10 层电梯前室北窗外进行违章电焊作业。由于未采取保护措施,电焊溅落的金属熔融物引燃下方 9 层位置脚手架防护平台上堆积的聚氨酯硬泡保温材料碎块,聚氨酯迅速燃烧形成密集火灾,由于未设现场消防措施,4 人不能将初期火灾扑灭并逃跑。燃烧的聚氨酯引燃了楼体 9 层附近表面覆盖的尼龙防护网和脚手架上的毛竹片,火势以 9 层为中心蔓延,尼龙防护网的燃烧引燃了脚手架上的毛竹片,同时引燃了各层室内的窗帘、家具、煤气管道的残余气体等易燃物质,在烟囱效应的作用下火势迅速蔓延,造成急速扩大,最终包围并烧毁了整栋大厦,并于 15 时 45 分火势达到最大。消防部门全力救援,火灾持续了 4 小时 15 分,火势于 16 时 40 分开始减弱,火灾重点部位主要转移到了 5 层以下。中高层可燃物减少,火势急速减弱。在消防员的不懈努力下,火灾于 18 时 30 分被基本扑灭。随后,消防员进入楼内扑灭残火和抢救人员。这起火灾最终导致 58 人遇难,71 人受伤。上海静安区"11·15"特大火灾现场如图 10.1 所示。根据火灾实际情况提炼出的模拟过程如图 10.2 所示。

图 10.1　上海静安区"11·15"特大火灾现场

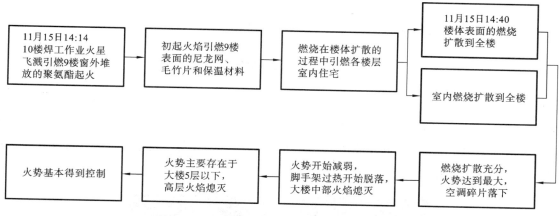

图 10.2　上海静安区"11·15"特大火灾模拟过程

10.3　高层建筑应急疏散数值模拟

10.3.1　高层建筑几何模型的建立

此次火灾事故发生地为一栋 28 层的公寓,将该事故模型进行简化:

(1) 模型有 5 层,每层高 3 m,同时有楼梯和电梯。

(2) 楼梯宽度设为 1 m(39.37 in),房间门的宽度设为 81.28 cm(32 in)。

(3) 事故发生时,建筑内有 34 人,分别有成年男性 10 人,成年女性 9 人,老人 6 人,小孩 9 人。

首先打开 Pathfinder 软件,点击网格按钮,可以在操作面上根据公寓的实际面积直接画出公寓的平面图,然后点击 Creat 按钮,图形就建成了。该操作定义公寓在坐标内的位置和面积。输入坐标点时,注意不要让鼠标移动到操作面上,因为坐标数值会实时显示鼠标位置。画总面积图时,注意起点和终点坐标的选择以便于画内部房间时选择坐标。

图 10.3　添加楼层

添加楼层。点击 Floor 的下拉按钮,选择 <add new...>,出现如图 10.3 所示的对话框。

每层高度设置为 3 m,添加 4 次,得到 5 个楼层,左上角 Floor 所显示的楼层为正在使用的楼层,这时所画的图都默认为当前楼层的。复制楼层,如图 10.4 所示。将 Floor 0.0 m 的图全部选择,点击 ✛ 按钮,输入数据,点击 Copy/Move,完成操作。

如果想要操作面只显示某一层,可在左侧树状图楼层中,右击要显示的楼层,选择 Filter,则操作面就只会显示此一层。若要操作方便,也可以用 Hide,将某些楼层隐藏。创建房门,点

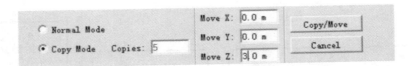

图 10.4　复制楼层

击鼠标右键,选择 Merge,添加大门,门宽设置为 81.28 cm（32 in）。添加楼梯,点击 ，点击楼梯的起点和终点,楼梯宽度设为 1 m（39.37 in）。

点击视图按钮中 ，在操作面中右击鼠标,选择 Show All,点击鼠标移动,就可以看到 3D 视图,如图 10.5 所示。

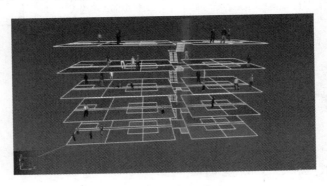

图 10.5　3D 视图

按 Ctrl＋R 组合键,可以使操作面回到俯视图的状态,如图 10.6 所示。

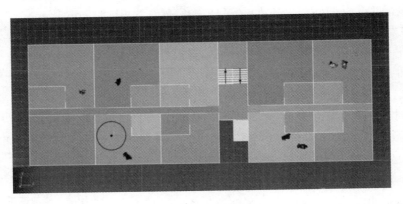

图 10.6　俯视图

10.3.2　Profile 编辑

添加人员。点击 Model 菜单,选择 Edit Profiles,在出现的对话框中创建新的人员类型,点击 New,输入人群名称如"人群 1",点击确定。点击可以选择人员的 3D 模型,如图 10.7 所示,输入合适的速度和肩宽,点击 Apply,人群添加完成。点击 OK 关闭对话框。

图 10.7　添加人员

　　软件中将人群分为成年男性、成年女性、老人和小孩四种类型,根据其特点,设定成年男性步行速度为 1.19 m/s(见图 10.8),成年女性步行速度为 1 m/s(见图 10.9),老人和小孩步行速度均为 0.8 m/s(见图 10.10 和图 10.11),并根据不同人物特点设定其身高、肩宽和人物形象。

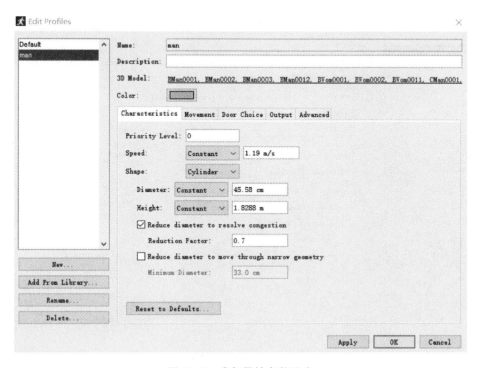

图 10.8　成年男性参数设定

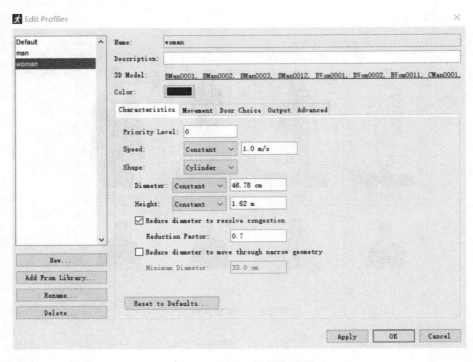

图 10.9　成年女性参数设定

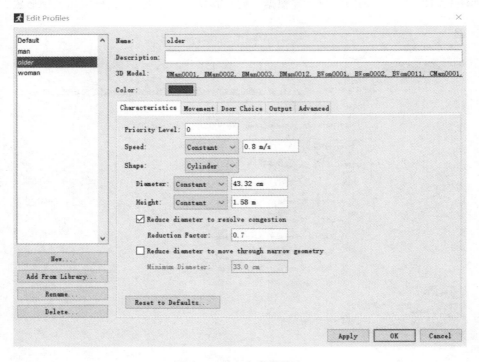

图 10.10　老人参数设定

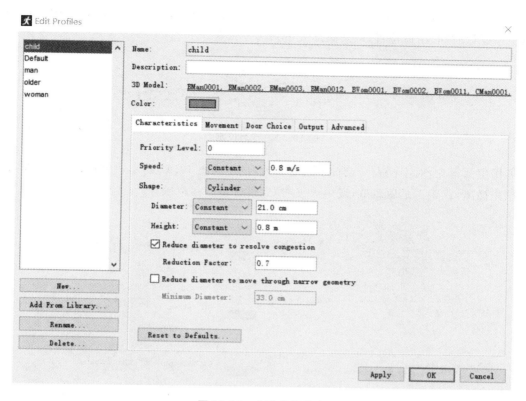

图 10.11　小孩参数设定

10.3.3　Behavior 设置

添加行为。点击 Model 菜单,选择 Add a behavior,出现如图 10.12(a)所示对话框,输入行为名称如"行为1"。勾选 Based On,文本框选择 Goto Any…,点击 OK 关闭对话框。

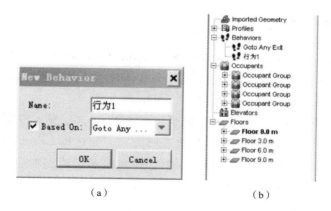

（a）　　　　　　　　　　　（b）

图 10.12　添加行为

左侧树状图显示如图 10.12(b)所示,点击"行为 1",操作面上部对话框如图 10.13 所示,可以更改延迟时间、出口位置,以及添加人员到达位置点。

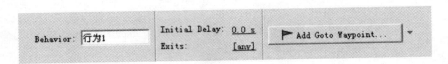

图 10.13　行为设定

根据生活行为,对不同人员设置不同的行为习惯,如图 10.14 所示。例:发生火灾时,老人和小孩先撤离,成年人最后疏散;发生火灾时,先集合再一起疏散等。

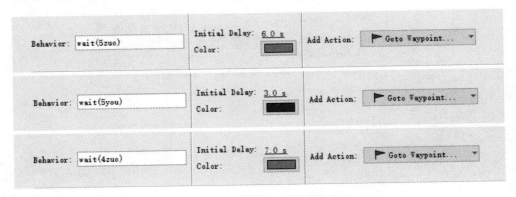

图 10.14　行为参数设定

10.4　高层建筑应急疏散危险性分析

10.4.1　模拟结果查看

模拟运行。点击 Simulation 菜单,选择 Simulation Parameters,出现图 10.15(a)所示对话框,时间设定为 200 s(可根据具体情况设定),点击 OK 关闭对话框,点击运行键或在 Simulation 菜单下选择 Run Simulation,出现图 10.15(b)对话框。

运行结束后点击 Results,可查看模拟结果。点击 Play 自动显示模拟过程,点击 Agents 可以更改人员显示方式,点击 Sence 可以更改视图方式。如选择 Layout Floors Horizontally 可将各层分开显示;如选择 Layout Floors Vertically 可显示整体三维;点击 View 菜单,选择 show occupants paths 可以显示出人员行走轨迹。模拟结果如图 10.16 所示,全部疏散时间为 85.3 s,疏散人数为 34 人。

图 10.17 所示为 $T=10.3$ s 时人员密度情况,此时已疏散 2 人。

图 10.18 所示为 $T=20.8$ s 时人员密度情况,此时已疏散 6 人。

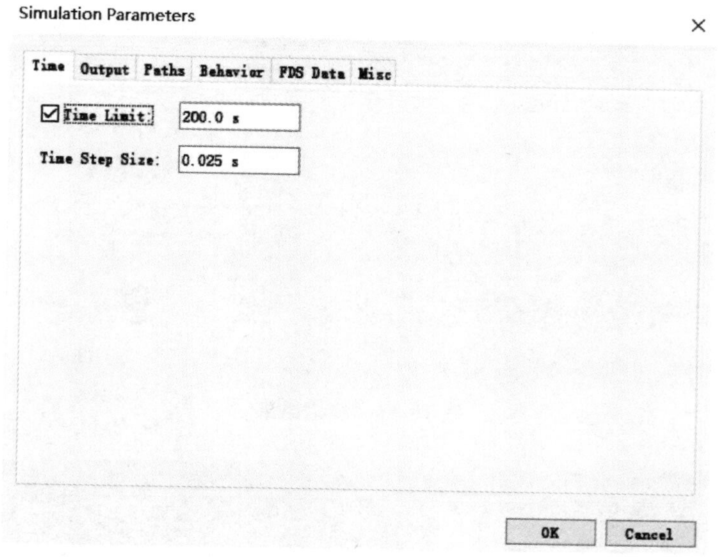

(a)

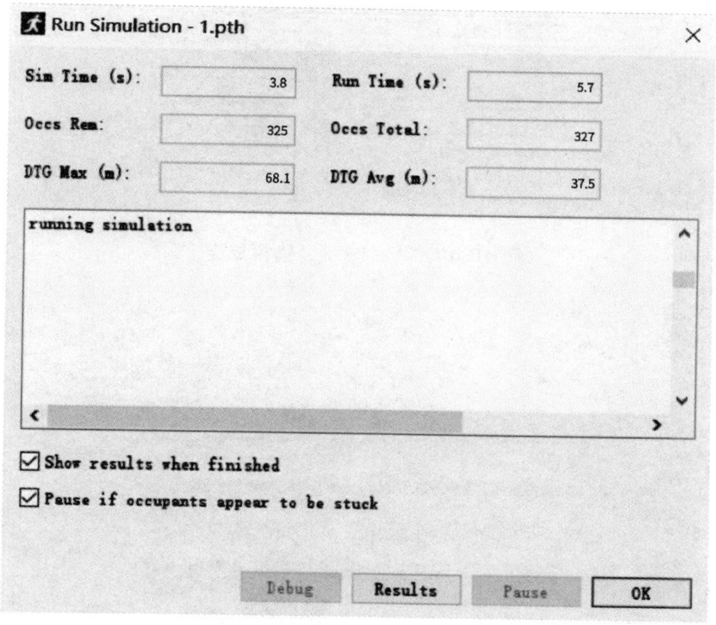

(b)

图 10.15　模拟运行

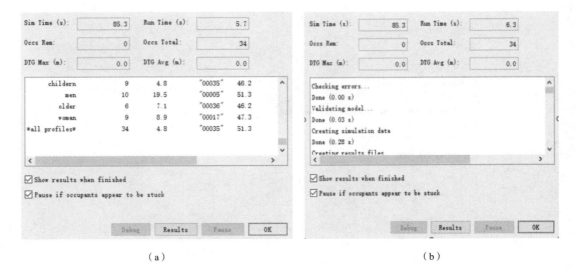

（a） （b）

图 10.16 模拟结果

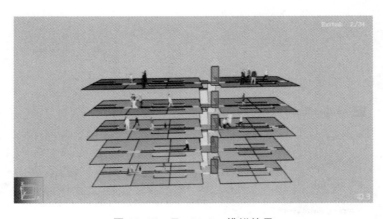

图 10.17 $T=10.3$ s 模拟结果

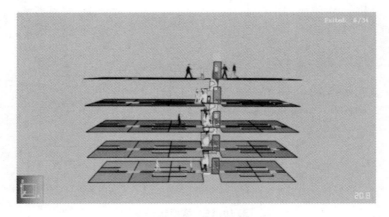

图 10.18 $T=20.8$ s 模拟结果

图 10.19 所示为 $T=30.3\text{ s}$ 时人员密度情况,此时已疏散 12 人。

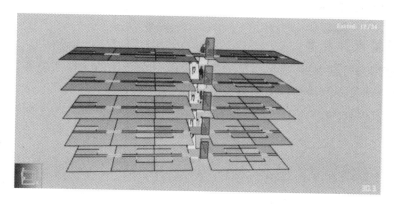

图 10.19 $T=30.3\text{ s}$ 模拟结果

图 10.20 所示为 $T=60.3\text{ s}$ 时人员密度情况,此时已疏散 23 人。

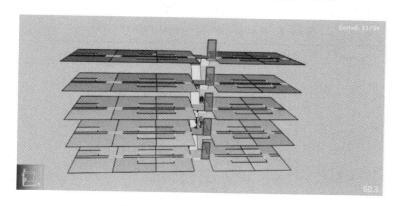

图 10.20 $T=60.3\text{ s}$ 模拟结果

图 10.21 所示为 $T=85.3\text{ s}$ 时,人员已全部疏散。

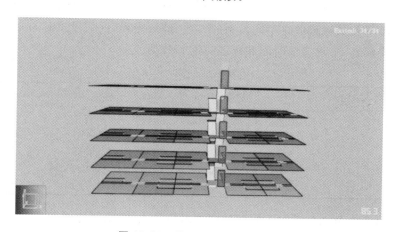

图 10.21 $T=85.3\text{ s}$ 模拟结果

10.4.2 模拟结果分析

10.4.2.1 模拟所得数据

等待所建模型运行结束后,模拟所得的数据会保存在新建的文件夹中并以表格的形式呈现出来,从表格中便可提取得到以下数据:

Completion Times for All Occupants(s):

Min:	6.8"00035"
Max:	85.0"00021"
Average:	46.6
StdDev:	23.7

表 10.3 列出了人员在疏散时不同行为反应对应的人数、最短完成时间、最短时间完成者、最长完成时间、最长时间完成者、平均完成时间和标准时间等数据。

表 10.3 Completion Times by Behavior (s)

Behavior	Count	Min	Min_Name	Max	Max_Name	Avg	StdDev
Goto Any Exit	14	6.8	"00035"	77.9	"00026"	39.5	24.0
wait(1 1)	1	29.0	"00037"	29.0	"00037"	29.0	0.0
wait(1zuo)	4	17.8	"00014"	26.5	"00013"	22.6	3.3
wait(3you)	3	27.7	"00005"	39.3	"00006"	34.2	4.8
wait(3zuo)	4	51.7	"00004"	59.6	"00002"	54.8	3.0
wait(4zuo)	2	67.0	"00029"	68.5	"00027"	67.7	0.8
wait(5you)	2	81.6	"00022"	85.0	"00021"	83.3	1.7
wait(5zuo)	1	83.0	"00042"	83.0	"00042"	83.0	0.0
waypoint1	2	74.3	"00024"	80.5	"00041"	77.4	3.1
waypoint3	1	50.5	"00011"	50.5	"00011"	50.5	0.0
* all behaviors *	34	6.8	"00035"	85.0	"00021"	46.6	23.7

表 10.4 列出了人员在疏散时不同类型的人数、最短完成时间、最短时间完成者、最长完成时间、最长时间完成者、平均完成时间和标准时间等数据。

表 10.4 Completion Times by Profile (s)

Profile	Count	Min	Min_Name	Max	Max_Name	Avg	StdDev
childern	9	6.8	"00035"	80.5	"00041"	39.5	20.8
men	10	22.2	"00012"	85.0	"00021"	29.0	21.9
older	6	9.7	"00036"	77.9	"00026"	22.6	23.3
woman	9	11.0	"00017"	74.3	"00024"	34.2	20.0
* all profiles *	34	6.8	"00035"	85.0	"00021"	54.8	23.7

表 10.5 列出了人员在疏散时不同移动距离对应的人数、最短完成距离、最短距离完成者、最长完成距离、最长距离完成者、平均完成距离和标准距离等信息。

表 10.5　Movement Distance by Behavior（m）

Behavior	Count	Min	Min_Name	Max	Max_Name	Avg	StdDev
Goto Any Exit	14	4.8	"00035"	46.2	"00026"	26.2	14.1
wait(1 1)	1	12.3	"00037"	12.3	"00037"	12.3	0.0
wait(1zuo)	4	11.5	"00014"	16.0	"00013"	13.9	1.7
wait(3you)	3	18.4	"00007"	22.9	"00006"	20.3	1.9
wait(3zuo)	4	29.5	"00004"	34.5	"00003"	32.6	2.0
wait(4zuo)	2	41.3	"00027"	41.5	"00029"	41.4	0.1
wait(5you)	2	40.9	"00022"	44.8	"00021"	42.8	1.9
wait(5zuo)	1	51.3	"00042"	51.3	"00042"	51.3	0.0
waypoint1	2	46.2	"00041"	47.3	"00024"	46.8	0.5
waypoint3	1	29.6	"00011"	29.6	"00011"	29.6	0.0
* all behaviors *	34	4.8	"00035"	51.3	"00042"	28.5	13.5

从表格中可以提取以下数据。

Travel Distances for All Occupants（m）：

Min：　　　　　　4.8"00035"

Max：　　　　　　51.3"00042"

Average：　　　　28.5

StdDev：　　　　13.5

表 10.6 所示列出了在疏散时不同类型人员移动距离、最短完成距离、最短距离完成者、最长完成距离、最长距离完成者、平均完成距离和标准距离等信息。

表 10.6　Movement Distance by Profile（m）：

Profile	Count	Min	Min_Name	Max	Max_Name	Avg	StdDev
childern	9	4.8	"00035"	46.2	"00041"	18.6	11.6
men	10	19.5	"00005"	51.3	"00042"	35.9	9.4
older	6	7.1	"00036"	46.2	"00026"	32.0	13.4
woman	9	8.9	"00017"	46.2	"00024"	27.8	13.1
* all profiles *	34	4.8	"00035"	51.3	"00042"	28.5	13.5

10.4.2.2　出口处人员疏散数量结果

当所建模型运行结束后，请在结果菜单上，点击显示摘要文件。对于每个房间，摘要文件显示第一个居住者何时进入，以及最后一个居住者何时退出。它还显示了通过该房间的居住者总数和平均流量。在模拟完成后，此信息也会显示在运行模拟对话框的日志窗口中。

若要查看房间使用时间历史记录，则可在结果菜单上单击房间使用情况进行查看。居住者计数图提供了一个区域内随时间变化的居住者数量的可视化表示。单击以选中并取消选中左侧的复选框，以显示不同区域的行。例如，选中剩余框将显示模型随时间变化的清空情况。具体如图 10.22 所示。

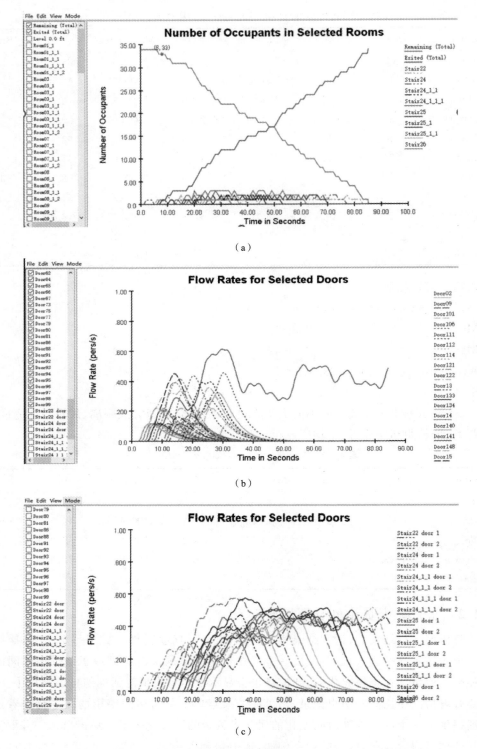

（a）

（b）

（c）

图 10.22　模拟分析图

根据模拟所得数据和图 10.22 可分别看出各个房间,出口处人员随时间的变化曲线。随着时间增加,疏散人数越来越多,房间内人数越来越少,出口处人数先增多后减少。

10.5　本章知识清单

10.5.1　可用安全疏散时间

火灾发生到火灾威胁到人身安全的时间称为可用安全疏散时间。在这个时间之内如果火场内的人员没有及时撤离到安全区域,人的生命安全就会受到威胁,即认为人员不能安全疏散。判定该时间的指标有温度、辐射热、空气中最低含氧量、烟气温度、有毒气体浓度等。

10.5.2　水力模型

水力模型是指把人员通道内的运动当做水流的流动来进行模拟研究。这种模型将人的运动看作是整体的运动,从而忽略了人与人之间的差距,在整个过程中没有考虑到个体特征对人员运动的影响,过于机械化,使用水力模型通常做如下假设。

(1)所有被疏散人员个体特征参数全部相同,并且每个个体都有能够到达安全地带的身体素质;

(2)疏散人员的行走路径确定,不会中途停止疏散或掉头返回,疏散开始所有人员同时开始行走,人员在疏散过程中目标明确、头脑清醒;

(3)在疏散过程中,疏散通道宽度越大人流量也越大,人流量与疏散通道的宽度成正比分配,通常按照出口宽度占总出口宽度的比例将人员进行适当的分配;

(4)人员在疏散过程中的速度始终保持一致。

本章参考文献

[1] 叶军,孙铁军. 高层消防应急疏散逃生方案的研究[J]. 科技资讯,2006(2):31-32.

[2] 李一波. 高层民用建筑安全疏散及应急对策[J]. 安徽建筑工业学院学报(自然科学版),2007,59(02):53-55.

[3] 范金成. 关于高层建筑中消防应急疏散问题[J]. 黑龙江科技信息,2013(10):274.

[4] 门金龙,陈志滔,叶家豪,等. 基于 FDS 的高层建筑火灾应急疏散与安全防控策略研究[J]. 广东化工,2021,48(8):106-109.

[5] 方潇宇,杨祯山. 基于 Pathfinder 的高层建筑应急疏散仿真研究[J]. 渤海大学学报(自然科学版),2016,37(2):177-183.